JN226462

加藤英明 著

Prologue

道具を使ったらフェアではない。素手だけで挑むからこそ価値がある。

野生の姿は素晴らしい！　鋭い眼差しに気高さを感じ、隆々とした筋肉にみなぎるパワーを感じる。大自然の中で見せる爬虫類の真の姿を求め、世界を巡る。

地球上に爬虫類が誕生して3億年の時が流れた。現生に生きるワニやカメ、トカゲやヘビは、地球上の様々な環境に適応して放散した。擬態・攻撃・防御に優れ、敵を欺き獲物を仕留める。だからこそ、自分の力がどれほど通じるのか試したい。生き物との真剣勝負だ。

加藤英明

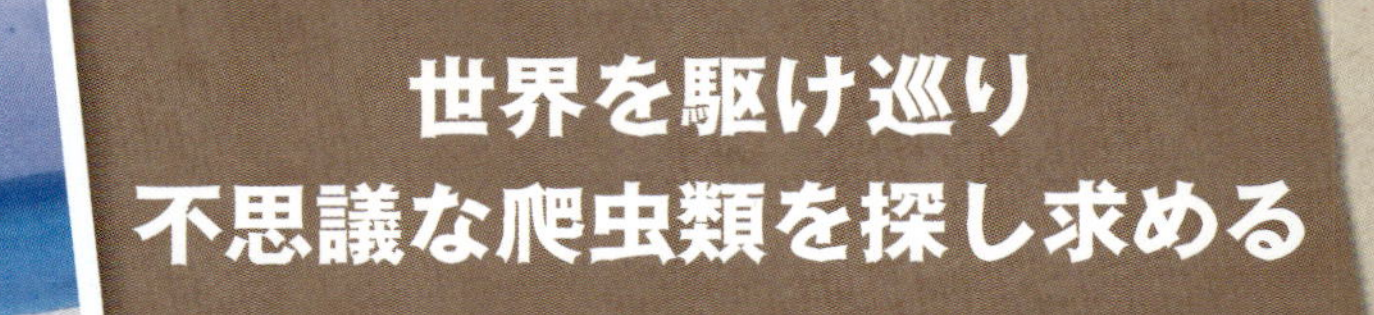

ホウシャガメ
Astrochelys radiata
（撮影地／セーシェル）

世界最長寿のリクガメ
エスメラルダ
Aldabrachelys gigantea gigantea
（撮影地／セーシェル）

パラワンミズオオトカゲ
Varanus palawanensis
（撮影地／パラワン島）

空と海とホウシャガメ

ロシアクサリヘビ
Vipera nikolskii
（撮影地／ロシア）

コモンブロンズヘビ
Dendrelaphis pictus
（撮影地／カンボジア）

ヘルマンリクガメ
Eurotestudo hermanni
（撮影地／モンテネグロ）

グランドケイマン
ツチイグアナ
Cyclura lewisi
（撮影地／ケイマン諸島）

幻の青いツチイグアナ

グランドケイマン
アノール
Anolis conspersus
（撮影地／ケイマン諸島）

ムカシトカゲ
Sphenodon punctatus
（撮影地／ニュージーランド）

アンティグアレーサー
Alsophis antiguae
（撮影地／アンティグア・バーブーダ）

コモドオオトカゲ
Varanus komodoensis
（撮影地／インドネシア・コモド島）

もくじ

9. アメリカ・テネシー州
北アメリカ
大西洋
1. ユカタン半島
7. グアドループ
太平洋
南アメリカ
8. ニュージーランド

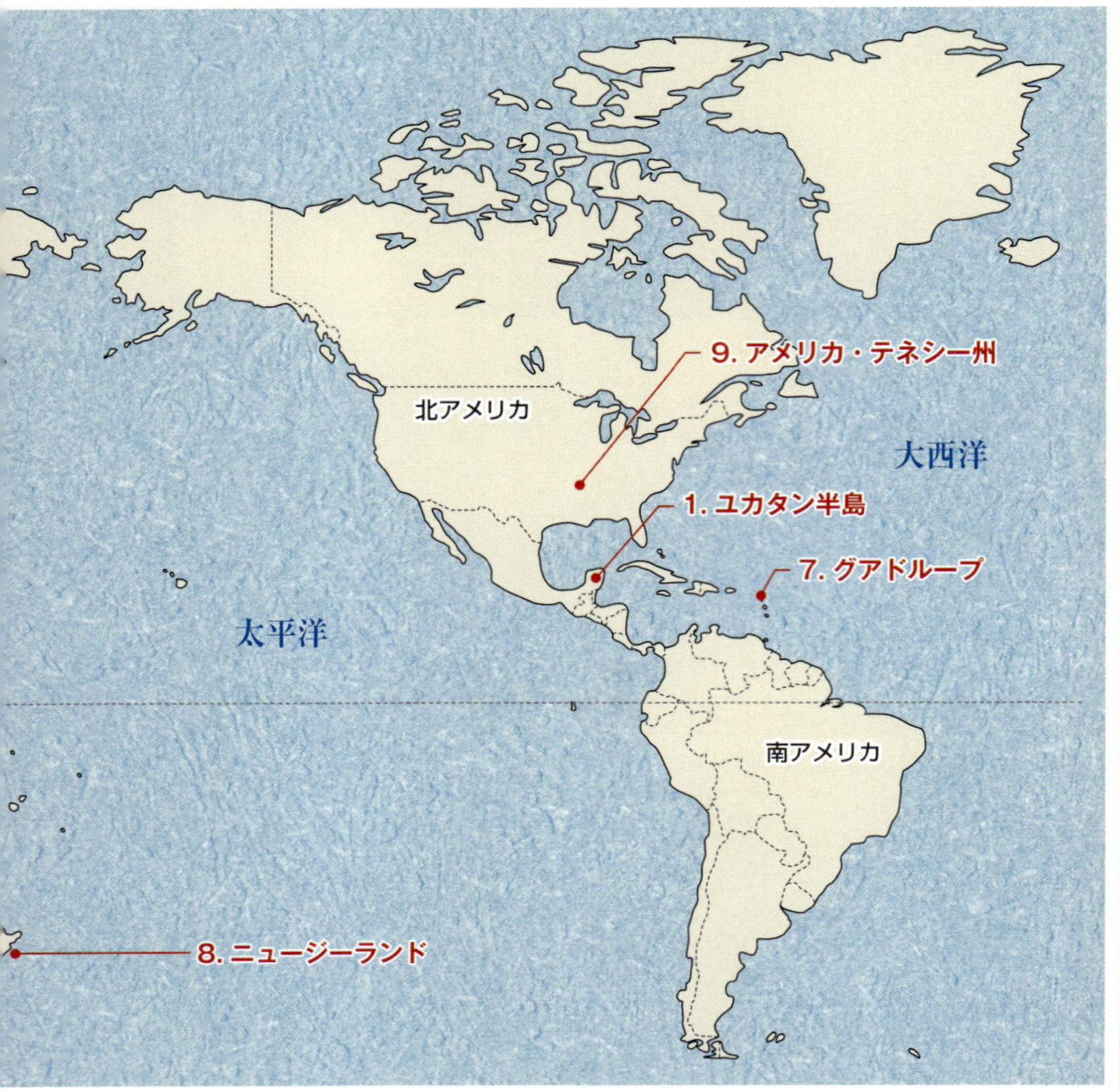

3. ボスニア・ヘルツェゴビナ
2. モンテネグロ
4. カザフスタン
ヨーロッパ
アジア
10. カタール
アフリカ
5-6. セーシェル
インド洋

第1章

ユカタン半島編

美しいカリブ海と
メキシコ湾に挟まれたユカタン半島。
陸橋が形成された300万年前から
様々な動物たちが往来してきた。
大地には深い密林が広がるが、
大きな山がないため川は存在しない。
地底湖から湧き出た水が
大小様々な湖沼を作り出している。
神秘的な土地、ユカタン半島で出会った
生き物たちを紹介する。

森と湖沼の住人

イグアナとバシリスク

ユカタン半島

ユカタン半島は、南北アメリカ大陸を結ぶ陸橋の北東部に位置する。古代マヤ文明で栄えた都市遺跡が数多く残り、地底には6500万年前に衝突し恐竜を絶滅に追い込んだ隕石が眠るとも言われている

開拓路の傍らに

密林を切り裂く一本の道路。舗装してまだ新しいこの道は、ユカタン半島に張り巡らされた幹線道路のひとつ。今では道路の開通によって半島の奥地へ進むことができるようになり、人と物の移動時間が急激に短縮化された。そんな道路のおかげで車を高速で走らせても振動は少ないのだが、炎天下ではさすがに車内が猛烈に暑くなる。せめて道路脇の大木は残してもらいたかったが、いずれは周囲の木々が〝緑のアーチ〟になるほどに成長して道路を覆うだろう。灼熱の道路では、昼間に横断する生き物の姿はほとんど見られない。特に小型の爬虫類たちは、この灼熱地獄に飛び込む勇気はないだろう。道路を渡り切る前にオーバーヒートすることは、アスファルトから湧き上がる熱気から誰もが想像できる。

気を緩めて車を進めていると、突然、巨大なトカゲが道路に飛び出した。でかい！　車は急に止まれないが、ブレーキを踏む必要がないほどの猛スピードでトカゲは目の前を駆け抜け、道路脇の藪にズドーンと飛び込み森の中に姿を消してしまった。残念！

道路脇にイグアナが！

午前８時半。隠れていたツナギトゲオイグアナが姿を現す。道路脇でじっとたたずむ姿は、まるで石像

一瞬の出来事に驚いた。油断していたので、カメラに収めることができなかった。トカゲの正体は全長1メートルほどのツナギトゲオイグアナであることはわかった。ツナギトゲオイグアナは、大きな頭部と背部にせり出る一続きのクレスト（トカゲの頭部や背部にある突起のこと）が特徴的なトカゲである。体色は地域によって異なるが、ユカタン産は銀色の地色に漆黒の横帯が複数本あり、とても美しい。

ツナギトゲオイグアナの楽園

ユカタン半島で出会うツナギトゲオイグアナは、どれも丸々よく太っている。過去には現地の人に数多く捕獲され、丸焼きにされて食べられていたそうだが、現在では捕獲が規制されている。そのため、開発が進む沿岸部の町にも現れ、遠目に人々の生活を観察しているツナギトゲオイグアナの姿を目撃することがよくある。道路脇にじっとたたずむ姿はまるで石像。急に動く姿に驚く歩行者も多い。

このトカゲは、岩の隙間や洞穴にねぐらを形成する。場所によっては、配管や排水溝に棲みついているものもいる。町はツナギトゲオイグアナの天国。今のところ、彼らの脅威は道路を走る車ぐらいだろう。猫や犬にまで威嚇する姿はたくましく、近づく私を追い払おうとする姿も堂々としている。

ツナギトゲオイグアナは、縄張りを持つ。ねぐらを中心に、成熟したオス1匹につき複数のメスが同居している。縄張りを築けるオスは、さすがにどれも大型でいかつい顔をしているが、意外と幼体には優しく、雌雄かまわず縄張りに出入りすることを許している。しかし、性成熟に達したオスが縄張りに近づくものなら話は別。目の色を変えて攻撃を仕掛ける。繁殖期には特に神経をとがらせているようだ。周囲では、オス同士が頭部を上下に動かし、けん制し合っている様子がうかがえる。

ツナギトゲオイグアナ
Ctenosaura similis
ユカタン産のツナギトゲオイグアナ。銀色の地色に黒い帯が美しい。大きな岩の裂け目があるような環境を好み、成熟したオス１匹につき複数のメスが同居している

頭を大きく振り上げ上下に揺らし、自分の存在を知らせるとともに、縄張りを主張する

ツナギトゲオイグアナの産卵は、年に一度。餌が豊富な雨季に子供がふ化するように、雨季に入る3ヵ月前から産卵が始まる。大きなメスが一度に産む卵の数は、20個前後。卵は90日でふ化し、幼体は自由気ままに昆虫や植物を食べ、2年後には繁殖するまでに成長する。このように、順応性が高く多産で繁殖力のある生き物は、適度に保護しておけば、容易く絶えることはないのだろう。ただ、動きが素速く攻撃的なマングースなどの外来生物が侵入すれば、個体群は一気に縮小してしまう。このままツナギトゲオイグアナが安心して過ごせる日々が続くことを願いながら、車をさらに半島の中心部に向け走らせる。

ツナギトゲオイグアナのオス。年をとるほど頬は肥大し、いかつい顔になる

ツナギトゲオイグアナの幼体。ふ化後は緑色の体色だが、半年経てば明るい色は薄れて親に似る。危険が迫ると岩の隙間にさっと逃げ込む

レインボーアミーバ *Ameiva undulata*
体長 10cm ほどだが、尾が長く全長は 25cm を超える。力強く地面を蹴ると猛スピードで林床を走りまわる

ジャングルのランナーたち

ユカタン半島の森に足を踏み込む。空を覆う樹冠は日の光を遮り、向かう密林の先は薄暗い。森の中では木々の壁が広がり、あたりを見回しても代わり映えがない。方向を見失わないように、印を残しさらに進む。さっそく現れたのは、ユカタンハリトカゲ。ユカタン半島にのみ生息する固有種である。わずかに日が射し込んだ場所で、日光浴をしている。トカゲを探すのなら〝陽だまり〟を探すことが近道である。もちろん、姿が丸見えになる状態では、彼らに気の緩みはない。わずかでも危険を察知すると、トカゲたちはサッと姿を消してしまう。特に素速いのは、レインボーアミーバ。一度走り出したら、ひたすら走る。安全と感じる範囲まで全力で走るのだが、そのスピードは速く、さらに逃げる距離は他の地域のトカゲたちと比べてはるかに長い。そのため、カサカサッと足音が聞こえた時には、あたりを探しても姿は見当たらない。もちろん、捕まえようと試みても、森の中では追いつかない。深追いすれば方向を見失い、私が森の中で遭難してしまうことだろう。安易に追うべきではないトカゲである。

レインボーアミーバに気づかれないように、森の中では

ユカタンハリトカゲ

Sceloporus chrysostictus

ユカタンハリトカゲのメス。一度に数個の卵を年に２回産む

▼ユカタンハリトカゲのオス。メスに比べ地味な体色。全長16cmの小さなトカゲで昆虫を捕食する

クビワペッカリー

Tayassu tajacu

中米から南米まで広く分布するイノシシに似た動物。体長1mで体重25kgと身軽で動きは素速い。野生個体に近づくのは難しいが、飼育個体は人の気配にお構いなし

物音をできるだけ出さないように、ゆっくりとした動作で林床に足を付け、静かに歩く。そして、周囲に〝カサッ〟と落ち葉が動く微かな音を拾う。じっとその方向を見つめていると、餌を探しながら動くレインボーアミーバの姿を発見した。しかし、姿を探し出せても、喜んで近づいてはいけない。じっと動かず、相手がこちらに近づくのを待つ。追えば、すぐに気づかれ逃げられてしまう。来るか来ないかは運任せ。すると、私の姿に気づかないレインボーアミーバが、徐々に近づいてきた。よしよし。もう少し。そんな時、バキバキッ！　ドドドド！　と、大きな音が森の静寂をかき消した。それに驚きレインボーアミーバは爆走。私も何事かとすぐに身を屈め、音の行方を探った。暗い森の先には何頭もの黒いけものの姿が微かに見え、物音は私から離れるように小さくなっていった。その正体は、ペッカリー。体長1メートルほどのイノシシに似た動物である。どうやら私の姿にペッカリーの群れが気づき、一目散に逃げ出したようだ。森の中では様々な動物たちに出会える醍醐味もあるのだが、せっかく見つけたレインボーアミーバを捕り逃してしまった。さすが、ジャングルのランナーと呼ばれるトカゲだ。その姿は、すでにどこにも見当たらなくなっていた。

平坦な地形が続くユカタン半島には、川の源となる山がない。大地に降り注ぐ雨水は地下に染み込み、網目のように広がる地下水脈に姿を変える。それらは地底湖を満たし、湧き出る水は大小さまざまな湖沼を形成する

ワニの池

日没が過ぎ、あたりが真っ暗になる。不安な気持ちが込み上げてくるが、まだまだこれから。土地勘がない場所では夜間にあまり動きたくないのだが、足元にヒキガエルの姿を見つけると、あっという間に気分が晴れた。ヤモリの鳴き声も聞こえる。そして、目の前には湿地が広がる。適当な宿に荷物を置くと、すぐに水辺に向かった。

真っ暗な水辺をどんどん歩く。突然飛び立つ水鳥に驚きながら、生き物の姿を探す。ライトで水面を照らすと、いくつもの目が光に反射して輝いた。アメリカワニだろうか。ずっとこちらを見つめている。ここは大自然の真っただ中。夜に水辺を歩くことは危険なのだが、目が光るのでワニたちの居場所がよくわかる。安心しながら歩いていると、目の前に1.2メートルの子ワニを発見！　よく見ると、顎がアメリカワニよりも太く厚く、額から吻端までの湾曲が緩やかである。モレレットワニか!?　初めて出会う野生のモレレットワニ。こんな機会は滅多にない。そして、見つけた子ワニは手を伸ばせば届く距離にもかかわらず、じっとして動かない。それもそのはず、懐中電灯の光がまぶしくて、子ワニから私の姿は見られない。

モレレットワニ

Crocodylus moreletii

全長 1.2m のモレレットワニ。近づくときは要注意。子ワニが人を襲うことはないが、たいてい近くに大型の仲間が潜んでいる。保護の対象とされ、野生個体の商業取引はできない

よしよし。私はズボンの裾をゆっくり繰り上げ、捕獲体勢に入った。この大きさなら素手でも捕まえられる。静かに靴を脱ぐと水に入り、そっと子ワニに近づいた。そして、手を伸ばそうとしたその瞬間、目の前に〝バサーッ!〟と大きなワニが現れた。これはやばい。他にもワニがいた。慌てて陸地に戻り周囲をよく見れば、暗闇にワニの目がいくつも光っていた。危ない、危ない。気がはやっても、周囲の確認は念入りに行なうべきである。ワニの目は、水上に出ている状態でなければ光に反射しない。水中に潜っているワニの位置は確認できないのである。難を逃れた子ワニは、まだ水辺近くでこちらを見ている。強い仲間に囲まれて、安心しているようだ。〝近づいたらケガするよ〟と言わんばかりに余裕の表情を浮かべていた。

木の上のバシリスク

朝霧の中、再び水辺を探索。小鳥がさえずり、ヒメコンドルが朝日を受けて温まっている。暑い一日の始まりである。岩や木の隙間からはアノールが現れ、日光浴を始めている。朝の日光浴は、体の代謝を高めるために必要不可欠。体が温まるのと同時に気持ちよくなったのか、アノールたちは落ちるまぶたを必死にこらえている。まだ眠たいのだろう。そんな穏やかな朝、ふと木の上に目を向けると、そこには何とバシリスクの姿が！　すっかり忘れていたが、メキシコのユカタン半島にはノギハラバシリスクが分布している。このトカゲも、朝になると日光浴をするために、木の上から降りてくるのである。

ノギハラバシリスクの分布域は広い。北はメキシコ中部から、南はコロンビア北西部まで。主にカリブ海側に分布し、湖沼から河川、河口の沿岸部まで、近くに水がある環境であれば、どこにでも棲みつくトカゲである。餌とする主な生き物は昆虫や小型の爬虫類と両生類で、口に入る生き物は何でも食べてしまう。動きが素速いこと、性成熟までに1年かからないこと、多産であることなどが、この種が繁栄できた理由だろう。

高さ5メートルほどの木に棲みついていたのは、全長50センチほどの若いオス。出会ってから3日間、いつも同じ木にしがみついていた。夜間は木の上に登り、眠る。そして翌朝には決まった時間に現れて、日光浴を行なう。住処とする木は周囲のものと何ら変わりがないのだが、きっと好みがあるのだろう。ノギハラバシリスクは樹上棲で、たいていは私の背丈ぐらいの高さの位置で周囲を観察している。この位置の場合、危険が迫ると木の上に逃げる。バシリスクの仲間だからといって、いつでも水の中に飛び込むわけではない。いちばん簡単に危険を回避する方法を、彼らなりに考えているようだ。

最も地上に近づくのは朝方。餌をとるために木から降りることもある。こんな時に敵が近づけば、ノギハラバシリスクは地上を走って水場へ逃げる。警戒心が強い彼らは、障害物のない見晴らしのよい場所に生える木に好んで棲んでいる。危険を素速く察知することができ、一目散に猛スピードで走ることができるので都合がいいのだろう。バシリスクの仲間は日本でもよく飼育されるが、吻端（口の先端）を痛めてしまうことが多い。壁がない大自然の中で走る姿を見ると、どれだけ広いケージを用意しなければならないのかがよくわかる。

ノギハラバシリスク

Basiliscus vittatus

ノギハラバシリスクは樹上棲で日当たりのよい環境を好む。性成熟が早く多産。一度に10個前後の卵を年に数回産む

バシリスクと追いかけっこ

さっそく、バシリスクの逃げ足の速さに挑戦してみたくなった。私とノギハラバシリスクのどちらが素速いのか。

浅い水溜り周辺には、バシリスクの子供が好んで棲む。餌となる昆虫やカエルを求め、様々な鳥も訪れる

目の前のノギハラバシリスクは、既に日光浴を十分に済ませた後で、完全に体が温まっている。私も体を伸ばし準備万端。お互いコンデションがよい、フェアな状態での勝負となった。

先に仕掛けたのは私。走り込みながら、さっと素速く手を伸ばす。ノギハラバシリスクは余裕の表情。私が狙っていたことは、準備運動の前から知っていたようで、すぐに木から飛び降りると、10メートル先の水場まで一直線。ものすごい速さで走り出した。そんなノギハラバシリスクを追いかける私。最初こそ尾をつかめるかと思ったが、タイミングを逃した後は、ノギハラバシリスクの独走であった。やはり、バシリスクは速い。まともに勝負を挑んでかなう相手ではない。ノギハラバシリスクは水場に飛び込み、余裕の表情。一方、水際まで来た私は、ワニを恐れて水に飛び込めない。完敗だ。身体能力から度胸まで、私の負けである。

森と湖沼が広がるユカタン半島。ゆっくりとした時間の中で、大自然を堪能することができた。本当は、捕まえて血液サンプルが欲しいところだが、今回は生き物たちの生息場所がわかれば十分。気の早い私にとって、待つことは何よりも忍耐を要求されるが、自然の中でじっと動かず、静かに観察するのも楽しいものである。

Another Episode : 1

爬虫類に出会うと野生の力を試したくなる。私も相手も命がけ

ユカタン半島

爬虫類が地球上に現れてから、3億年が経過した。長い地球の歴史の中で、大量絶滅を引き起こすほどの環境の変化や強敵の大型哺乳類の出現など、様々な困難を乗り越えて今に至る爬虫類。地球上の水・陸・空に適応し、特殊な擬態や防衛、攻撃を身に付けた。そんな、爬虫類たちの知られざる能力を、肌で感じたい。

爬虫類は太陽の子。日差しが強くて暑いユカタン半島は、爬虫類の楽園であった。変温動物である彼らは、燦々と降り注ぐ太陽の光を浴びることで、活動に最適な状態に体温を上げる。特にトカゲたちは、日の出とともに活動を開始するため、朝方に最もよく出会える。遠くからそっと観察することで、彼らの知られざる生活を垣間見ることができるが、私は、最良の体温から筋肉の発達の程度まで、何でも知りたい。だから、捕獲を試みる。南北アメリカ大陸の陸橋であるユカタン半島には、動きが素速いトカゲが多い。陸続きになったことで捕食動物を含む様々な生き物が往来する。バシリスクもトゲオイグアナも、過酷な生存競争を勝ち抜いた強者であり、並々ならぬ動きで私の闘争心を駆り立てた。

私はタモ網や罠を好まない。相手を傷つけてしまう可能性があるし、フェアではない。もちろん、餌付けもしない。人慣れした個体では、本来の力を十分に発揮しないからだ。慣れあいのない勝負でこそ、真の力を見せてくれるもの。野生では、捕まることは死を意味する。私は傷つけることはしないが、食うか食われるかの緊張した世界に暮らすものと、本気で勝負をしたい。野生のものは体の筋肉が発達しているため、俊敏な動きを可能とする。周囲の環境も巧みに利用する。そんな爬虫類をもっと知りたい。そして、自分の力がどれだけ通用するのか、試したい。だから爬虫類を追い求め、世界中を駆け巡る。

第2章

モンテネグロ編

脚のないトカゲ

ヨーロッパアシナシトカゲ

のどかな山麓で不思議なトカゲに出会った。
体は細くて長く、脚がない。
のんびり岩の上で日光浴をしている姿は、まるでヘビ。
私が捕まえようと近づくと、そのトカゲは目を細め、
不機嫌そうな顔で茂みの中に消えていった。
ここは、モンテネグロ。
ヨーロッパ南東部のバルカン半島に位置する国である。

ヘビのようなトカゲを求めて

険しい山道を超えてたどり着いたのは、アドリア海東岸の町、ブドヴァ。美しい海岸線が続くこの町の歴史は古く、今から2400年以上前から栄え始めたとされる。現在も夏には休暇を楽しむために人々が集まるのだが、シーズン以外は静かで穏やかな時間が流れる。

そんなモンテネグロで生き物探し。町から少し離れれば、静かな山に鳥のさえずりが響き、鮮やかな新緑の景色が広がっている。この地を訪れたのは5月。まだ肌寒く、夜間は長袖を着なければ震えてしまうほど気温が下がる。

モンテネグロ

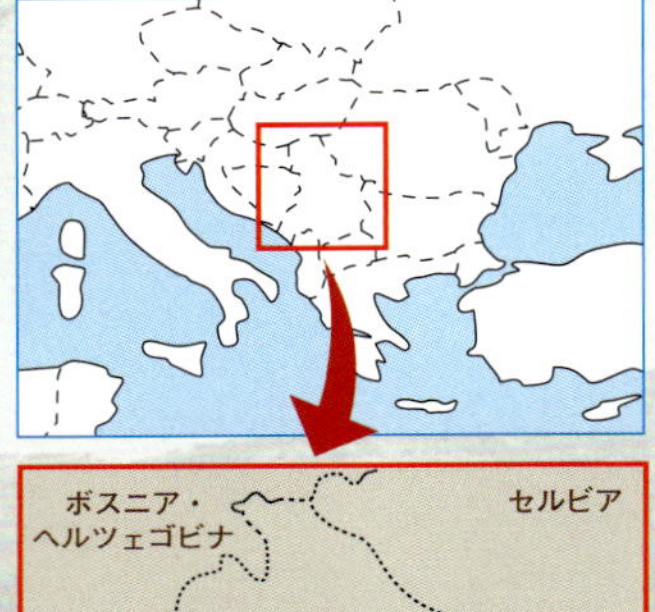

モンテネグロには四季がある。寒い冬には雪が積もり、暖かい春にはサクランボの花が咲き乱れる。しかし、初夏は大気が不安定で積乱雲が発達しやすく、大きな雲が流れてきたら要注意。昨日は悪天候に見舞われて、雨が激しく降り、雷鳴が轟いた。さらには大粒のひょうが、私の体に数多く直撃した。やはりリゾート気分を満喫するには、雨が降らなくて乾燥する夏期がよいのだろう。旅行者が初夏に訪れない理由がよくわかった。

しかしながら、いまさら日本には引き返せない。5月になってもまだ寒いとは想定外であったが、実際に現地に来てからわかることも多いので、仕方がない。山林には昨日降り積もった氷がまだ残っている。この状態で、寒さが苦手な爬虫類が出てきてくれるだろうか。今日は晴天。日差しは暖かく、心地よい風も吹く。

山道を歩いていると、斜面の水抜き穴の中にヘビの姿を見つけた。ハナダカクサリヘビである。ハナダカクサリヘビは、北極圏にまで分布を広げるクサリヘビの仲間で、低地から高地まで様々な環境に棲む。寒さには強いが、寒さを好むわけではない。この時は、冷えた体を温めるために出てきたようだ。爬虫類に出会えてひと安心。これなら他の生き物たちも、きっと姿を現してくれるだろう。

イタリアカベカナヘビ
Podarcis siculus

全長25cmほどで、体の斑紋は大きい。イタリアからモンテネグロまで広く分布する。年に数回、1度に5個ほど卵を産む

ハナダカクサリヘビ
Vipera ammodytes

水抜き穴の中で日光浴をするハナダカクサリヘビ。全長60cmほどに成長し、吻端には突起がある。体色は雌雄で異なり、オスの地色は灰色でメスは褐色

ダルマチアカベカナヘビ
Podarcis melisellensis

沿岸地域の岩や壁で見られる、小型のカベカナヘビ

ハナダカクサリヘビは臆病な性格で、全身が丸見えになる状態を好まない。そのため、ある程度体が隠れるような場所で日光浴をする。その姿は見つけにくいので、間違って触れたり踏んだりすると危険である。出血毒を持つ毒ヘビであるため、咬まれたら入院は避けられない。野生個体の動きは把握していないので、注意しつつ静かに接近することにした。すると、ハナダカクサリヘビは異変に気づき、さっと穴の中に姿を消しまった。さすがの毒ヘビも、必要以上に牙を剥くことはないのである。

子犬と探索

モンテネグロで数多く出会う動物は、野犬である。町にも山にもいる。私の姿を見て吠えて威嚇するものもいれば、興味本位でついてくるものまで様々。海外フィールドでは犬の同行は防犯上安全である。しかし、狂犬病の恐れがあるため、できるだけ野犬には接触しないように心掛けている。

そんな私の気持ちを知らないのだろう。山道を歩いていると、いつの間にか子犬が私の後をつけてきた。目を合わせると、私に駆け寄りじゃれてくる。周囲には母犬も兄弟の子犬もいない。道に迷ったのだろうか。困ったことに、子犬はずっとついてくる。私から離れない。仕方がないので、子犬が飽きるまで好きにさせておくことにした。かわいそうだが相手にせず、黙々と歩く。しかし、子犬はいつまで経っても離れることなく、好奇心旺盛で私の周囲を走り回って楽しんでいる。これではヘビやトカゲが隠れてしまう。樹上や石垣の上ではカベカナヘビを発見できるのだが、子犬の姿に気づくと驚いて逃げてしまう。トカゲたちを観察することは不可能で、撮影すら難しい。

困っていたその時、岩の上で心地よく休んでいる奇妙な生き物を発見した。ヨーロッパアシナシトカゲである。ヨーロッパアシナシトカゲは岩場を好むのだが、開けた草原にも棲む。世界中に知られる有名なトカゲで分布域も広いが、そう簡単に見つかるものではない。遥々モンテネグロまでやって来た甲斐があった。

ヨーロッパアシナシトカゲは、目を閉じて気持ち良く日光浴をしている。これは捕獲のチャンス。物音を立てずに近づけば、きっと手に取ることができるだろう。しかし、私より先に子犬が走り出した。すっかり忘れていたが、私には連れがいた。すかさず追いかけて子犬を取り押さえると、「私の後ろをついてくるように」と英語で伝えた。しかし、理解してもらえないようで、すぐにまた走り出してしまった。やはり、モンテネグロ語で話さなければ通じないのだろうか。困った。子犬があまりにも言うことを聞かないため、とっさに日本語で怒ってしまった。すると、不思議なことに効果てきめん。子犬は寂しそうな表情で体を伏せ、おとなしく言うことを聞くようになった。きっと私の表情を読みとって怒られたと感じたのだろう。

そんな子犬と私の姿をじっと見ているのは、ヨーロッパアシナシトカゲ。どうやら、私たちの揉めごとがうるさくて、起きてしまったようだ。

調査を邪魔して怒られ、反省する子犬。
ヨーロッパアシナシトカゲは犬を好まず、
鳴き声が聞こえただけで姿を隠してしまう

アシナシトカゲの捕獲

モンテネグロは、2006年に独立した新しい国である。国名は、〝黒い山〟を意味する。アドリア海沿岸の山は、灰色をした石灰岩質の山肌のため白く見える。しかし、モンテネグロ沿岸の山には木々が茂り、山肌が隠れているため、山が黒く見えるのである。もちろん、岩が積み重なった山肌丸見えの場所もあり、そんな場所には隙間が多くて、人も動物も歩くことが困難である。この岩だらけの環境に好んで棲むのは、ヨーロッパアシナシトカゲ。脚がなくなったのは、きっとこのような地形が大きく関係しているのだろう。岩場の狭い隙間を移動するには、長い手足が邪魔となる。

岩の上では、先ほど目を覚ましたヨーロッパアシナシトカゲが、こちらの様子をうかがっている。すぐに逃げないのは、日光浴で体が温まりとても心地がよい状態だから。しかし、私が近づくとしぶしぶと岩を降りて姿を消した。思っていた以上に視力が良い。「捕り逃がしたか?」と思ったが、岩を覗き込むと目の前の草むらの中でじっとしていた。どうやら体をすべて隠したつもりでいるようだ。しかし、尾先が丸見えの状態。アシナシトカゲは危険が迫ると岩の隙間の奥深くに入り込んでしまうため捕獲が難しいのだが、今回は逃げ場が少ない丘の草原。しかも目の前で隠れていて動かない。すぐにアシナシトカゲの尾を握ると、難なく捕まえることに成功した。

ヨーロッパアシナシトカゲ
Pseudopus apodus thracius

繁殖期は春。交尾後のメスは、たくさんの餌を食べると岩場の奥深くに入り込み、８個前後の卵を産む。ふ化まで２ヵ月ほどかかり、その間メスは卵を抱いて守る

アシナシトカゲの気持ち

捕獲されたヨーロッパアシナシトカゲは、迷惑そうな顔で私を見る。威嚇はまったくしないが、とても不機嫌なようだ。きっと、「ほっといてくれ」と訴えているのだろう。アシナシトカゲはヘビではないので、目にまぶたがある。私はアシナシトカゲの気持ちを顔の表情から読みとる。そのため、私に対する気持ちが細められた目から伝わってくる。それは人間が嫌な気持ちの時に表すまぶたの動きと同じで、トカゲであっても目は口ほどにものを言うのである。さらに、ヨーロッパアシナシトカゲは眼力が強い。そのため、〝人面トカゲ〟や〝おじさん顔のトカゲ〟と呼ばれてしまうのだろう。

一方、気持ちが理解しづらい生き物は、まぶたがないヘビ。息を吹きかけても脅かしても表情が変わらないので、「ヘビは急に咬みついてくる」と言われてしまう。しかし、実際には咬みつく前から相当怒っているのである。気持ちが伝わりにくいために嫌われることがあるヘビだが、モンテネグロでは表情が豊かなアシナシトカゲのほうが不気味だという人が多い。人それぞれ受け止め方が違うようだ。

ただ、農地ではカタツムリを食べてくれる良い生き物として好まれている。アシナシトカゲの主食は昆虫だが、カタツムリもよく食べる。石灰岩が広がる地域は、カタツムリの殻形成に必要な炭酸カルシウムが豊富にある。そのため、カタツムリが爆発的に増えて作物に被害を及ぼすことがあるが、アシナシトカゲが捕食することによってカタツムリの数が抑制されているのである。

さらに現地では、アシナシトカゲは〝ヘビを食べるトカゲ〟として大切にされている。確かに、アシナシトカゲが生息する場所にはヘビが少ない。アシナシトカゲは貪欲で、トカゲから小鳥のヒナまで口に入るものは何でも食べてしまう。特に隙間に潜むヘビとは住処が重なるため、捕食の対象となる。姿かたちはヘビに似ているが、毒ヘビがいなくなることは、地域の人々にとって安心なことである。

しかし、そんな有益な動物であるアシナシトカゲにも敵がいる。犬と人間の子供である。犬は鋭い牙で致命傷を与え、子供達は尾をつかんで振り回し、時には石にたたきつけて殺してしまう。アシナシトカゲがいることによって、体の弱いお年寄りや子供達が毒ヘビから守られているのだが……。アシナシトカゲの気持ちは、眼力だけでは犬や子供達に伝わりにくいようだ。

岩の隙間に逃げ隠れるヨーロッパアシナシトカゲ。奥深くに入り込むため。捕まえることは困難

よく見ると後肢の痕跡がある

アシナシトカゲとヘビの違い

耳がある

ヘビに耳がないが、トカゲには耳の穴がある。また、アシナシトカゲの体側には皮膚が折りたたまれた溝がある

体が硬い

尾の断面。ヘビとは異なり皮膚の下には板状の骨（皮骨）があるため、体は硬い

不思議な体

ヨーロッパアシナシトカゲは、ヘビに似るがヘビではない。目にはまぶたがあり、耳の穴がある。また、下顎は分かれて広がらないので、ヘビのように自分の頭より大きな獲物を飲み込むことはできない。これらはトカゲの仲間の特徴である。日本では一般的に、トカゲとヘビの違いは〝脚があるかないか〟のみで判断されることが多く、学校教育の中でこれらの正しい分類方法について学ぶ機会は少ない。確かに〝脚があるヘビ〟はいないのだが、この広い世界には〝脚がないトカゲ〟が存在するのだ。

アシナシトカゲの体は鎧のように大きな鱗で覆われているため、鱗が小さくて皮膚がよく伸びるヘビのようなしなやかな動きができない。さらに、皮膚の下には皮骨とよばれる板状の骨があるので、体は強固になるが動きがぎこちなくなる。防御はヘビより優れているが、体が重いので逃げ足は遅い。また、長い尾をつまんで持ち上げると、体を回転させることで尾を自切する。自切した尾は元の長さまでには戻らないが再生する。これらもヘビとは異なる点だ。

もちろんトカゲの中でも特殊であり、体の側面には鱗と皮膚が体の内側に入り込んだ溝がある。これによって、採

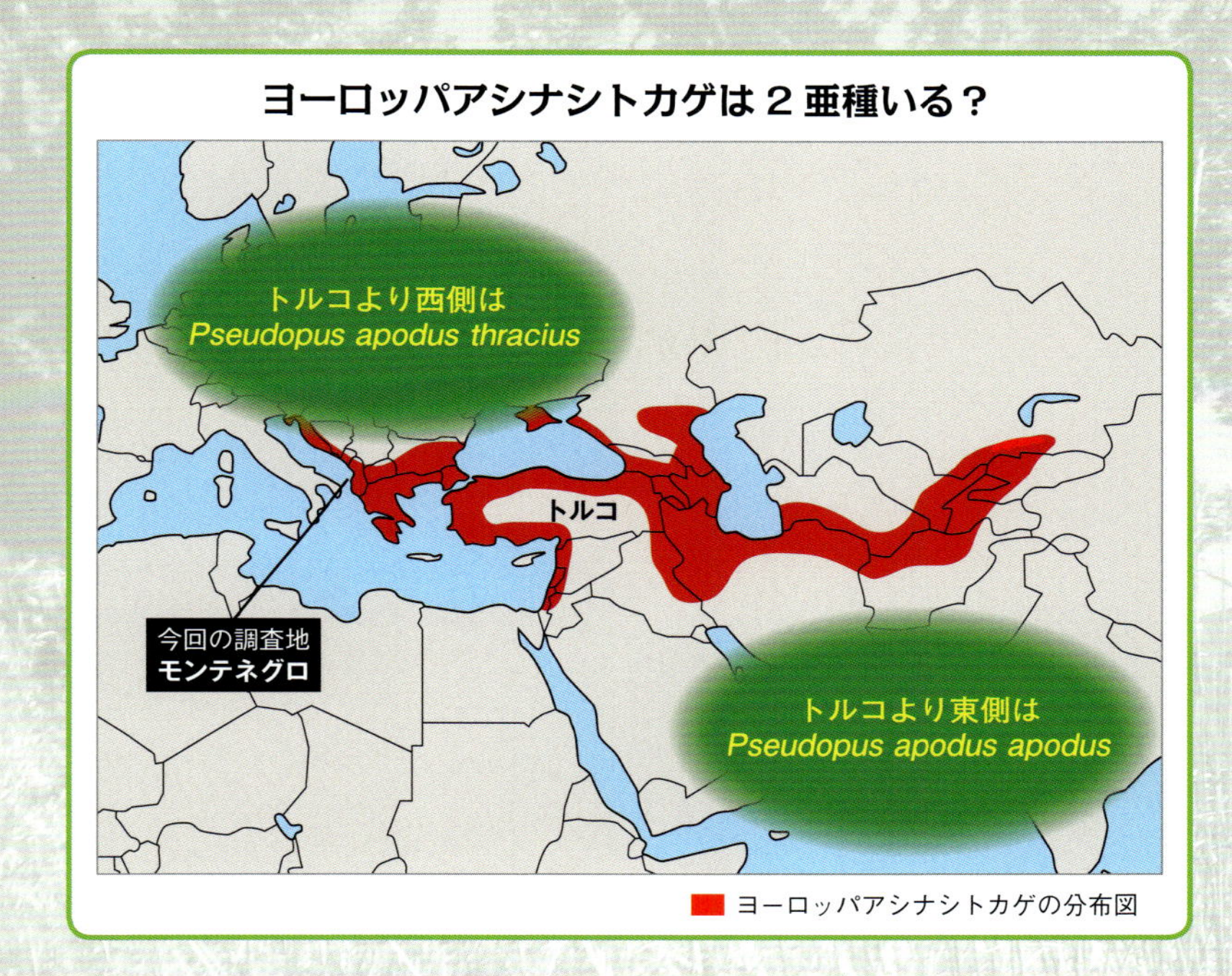

餌や卵形成において、鎧のような硬い体をある程度膨張させることが可能である。

今回、モンテネグロで出会ったヨーロッパアシナシトカゲは、東ヨーロッパから中央アジアまで広く分布する。地理的な変異があるようで、トルコ沿岸部から西側の東ヨーロッパに分布する個体群は亜種 *Pseudopus apodus thracius* とされ、トルコ内陸部から東側の中央アジアには基亜種 *P. apodus apodus* が分布する。日本にも度々ヨーロッパアシナシトカゲが輸入されるが、中央アジアで採集されたものであり、モンテネグロのものとは形態的に異なる。外見で大きく異なるのは、体色。モンテネグロ産は茶褐色である。また、顔が多少細長くて体鱗数が多い傾向にあるが、これらははっきりとした数値で分けられるものではない。そのため、亜種を認めない場合もある。

私が気になったのはヨーロッパアシナシトカゲの性格の違い。私が日本で飼育している個体は中央アジア産で、近づくと体を膨らめて威嚇し、すぐに咬みついてくる。しかし、モンテネグロで見つけた野生個体は、どれも穏やかな気質で、咬みつくどころか威嚇する気配すら感じなかった。地域が異なると性格まで変わるものなのだろうか。この違いについては、今後さらに調査研究する必要があるだろう。

第3章

ボスニア・ヘルツェゴビナ編

戦火を生き延びた リクガメたち

ヨーロッパの火薬庫、ボスニア・ヘルツェゴビナ。
民族と宗教が入り乱れるバルカン半島に位置し、
紛争となる火種を多く抱える。
今でこそ平和な生活を取り戻しつつあるが、国内には
紛争時に使用された武器が残り、数多くの地雷が眠る。
そんな危険なボスニア・ヘルツェゴビナの大地には、
希少なリクガメが生息している。
戦火を生き延びたリクガメたちの姿を紹介する。

ボスニア・ヘルツェゴビナ

1992年から始まったボスニア・ヘルツェゴビナ紛争では、わずか4年間で20万人を超える人命が奪われ、200万人もの人々が難民となった

モスタル戦線

首都サラエボから南に約100㌔。石灰岩むき出しの山岳地帯に、古都モスタルがひっそりとたたずむ。この街は、過去の紛争で市街戦となり、極度の被害を被った。現在でも建物の壁には弾跡が散在し、爆弾によって破壊されたビルが残る。街は全体が殺伐としているが、それもそのはず。行き交う人々は、過酷な戦争の経験者である。消えることのない憎しみの火種が、またいつ発火するかわからない。居住地は民族や宗教によって分かれているが、往来は自由である。今後、些細な喧嘩が紛争に発展することもあるだろう。

モスタルの街は、アドリア海に注ぐネレトバ川の上流にある。気候は温暖で、地中海性気候。夏は暑く乾燥し、冬は比較的暖かく降雨がある。そんな環境には、リクガメが好んで棲む。ボスニア・ヘルツェゴビナでリクガメが分布するのは暖かい南部のみ。マイナス10℃にまで気温が下がる内陸部や北部地域には分布していない。温暖なモスタル周辺には、リクガメたちが生息していると聞く。一体どのような環境で暮らしているのだろうか。

目的地であるモスタルにはたどり着けた。あとは、自分

2つに分断されたモスタルの街を繋ぐ石橋。ネレトバ川西側には教会、東側にはモスクが建つ。紛争で破壊されたが2004年に再建され、その翌年には世界遺産に指定された。ボスニア・ヘルツェゴビナ紛争を象徴する橋である

の勘を頼りにリクガメを見つけ出すだけである。心配なことは丘陵地に残る地雷で、現在でも死傷者が出ている。地元の人たちは、どの地域が危険なのかたいてい知っているそうだが、危険な場所というのは誰かが被害にあって初めてわかるのである。今回の狙いは、リクガメの生息とその現状を確かめること。紛争では、戦火における人間活動に関する情報は全世界に発信されるが、足元に暮らすカメたちの情報はまったく報道されない。そのため、知りたい情報は、自分の足で知り得るほかないのである。

まずは、川の東側に位置する山でリクガメを探す。モスタルは川を境に東西に分けられていて、西側はクロアチア勢力、東側はイスラム勢力が主に支配する。聞き込みでは、この地域でもイスラム教徒はカメを食べる習慣がなく、戦時中も食料としなかったそうだ。そのため、東西どちらかを選ぶとなると、東が優先される。カメ探索では、歴史や文化、宗教まで様々な情報を集めて解析することも大切である。

地雷原を進む

山の斜面からは、モスタルの街全体がよく見える。谷間に位置する街だけに、紛争時は四方の山から砲撃を受けたそうだ。当時は、丘陵地に戦車が配置されていたと聞く。きっと、この地に棲むリクガメたちは、昼夜に轟く地響きに怯えたことだろう。硬い甲羅も、爆撃や戦車の重みには耐えられない。そんなことを考えながら、リクガメの気持ちになって、探索を進める。

私が山を探索する場合、まずは頂上に向かってひたすら歩く。そして、リクガメの歩行が困難なほどの急傾斜まで行き着くと、そこからは山の斜面をS字状になぞるように時間をかけて下っていく。この方法であれば、歩くリクガメがいれば必ず出会えるし、生き物の痕跡も見逃さない。山の中腹では、ちょろちょろトカゲが顔を出すようになった。日当たりのよい斜面を好むカベカナヘビの仲間だ。しかし、いつものように追いかけて捕まえる勇気はない。やはり、地雷が怖い。私が行なうS字探索では、生き物を見逃さないが、地雷を踏む確率は高まる。現在も、ボスニア・ヘルツェゴビナには4万ヵ所の地雷原があり、100万個を超える地雷と不発弾が埋まっていると考えられている。

幼体

ダルマチアアカベカナヘビ
Podarcis melisellensis

アドリア海周辺諸国に分布する全長15cmほどのトカゲ。荒れ地に棲み、危険が迫ると岩の隙間に素速く隠れる

モスタル周辺には、石灰岩がむき出しの山が広がる。見晴らしの良い丘陵地にリクガメが棲むが、地雷や不発弾など過去の負の遺産が残る

一応、地雷が見つかった地域には、地上1・5メートルの高さの杭にドクロマークの看板が設置され、警告されている。しかし、どこからでも標識が見えるわけではなく、気づかなければ看板の裏側に立っていることすらある。モスタル周辺では既に45ヵ所が地雷原に指定され、標識は800ヵ所に設置されているそうだ。私は下ばかり見て歩いているので、標識の確認を怠ることがある。紛争後も国内で1600人以上が死傷しているため、他人ごとではない。

リクガメの姿を探すが、なかなか見つからない。それ以上に探索意欲が湧かない。木陰にくぼみを見つけても、リクガメの痕跡ではなく、爆破跡ではないかと疑ってしまう。地雷がないと言われた場所でも、歩いていて生きた心地がしない。私が軍人で地雷を仕掛けるのなら、人が身を隠す木陰を選ぶだろう。そんな場所に限ってトカゲたちが逃げ込んで行く。トカゲを捕まえようと屈んだ瞬間に地雷を踏んでしまえば、体全体で爆風を受けて致命的だ。そんなことばかり考えてしまうので、いつもの探索とは異なり、見通しの良い場所を選んで歩いてしまう。さらに、ヒツジやヤギに出会えば、その後ろをついて歩いてしまう。もう山を降りようかと思ったそんな時、前方に墓場が広がった。まるで私を呼び寄せたかのようである。

墓場の住人

墓場に入ると、気持ちが少し落ち着いた。人の往来がある場所であれば、危険度は下がる。さすがに先祖が眠る墓場に地雷を埋めることはないだろう。それに、供えられた花を食べに、リクガメが現れる可能性もある。しかし、爆破されて吹き飛んだ棺桶や、銃弾が撃ち込まれた墓石を見ると、私の勘は外れていると直感した。ここは敵陣の中にある、キリスト教徒の墓地。イスラム勢力が占領した東地域に、キリスト教徒の墓場があるのは不思議なことではない。紛争前には異なる民族と宗教が混成し、平和に暮らしていたのである。

それにしても、今回は動きにくい。仕方がないので、当時の戦争の激しさを肌で感じながら、破壊されて放置された墓場でリクガメ探し。雑草をかき分けリクガメを探す。すると、リクガメの通り道らしき痕跡を見つけることができた。こうなると、探索意欲が高まってくる。周辺に散在する棺桶の蓋をひっくり返したり、墓石をどかしたり。一応、動かしたものはすべて元に戻すのだが、外から見ればまるで墓荒らし。誰も近づかない場所であるからこそ、できる作業である。もちろん、死者に敬意を払うべく、周囲の枯れ草を集めて荒れた墓場をきれいにする。この作業が探索に効率がいいかといえば決してそうではないが、これは気持ちの問題である。時間はかかるが、罪悪感はなくなる。

炎天下の中、汗を流して探索と掃除を行なう。すると、かき集めた枯葉の中で、丸くてきれいな石が転がった。研磨された墓石か？ しかし、よく見るとそれは石ではない。リクガメだ！ ボスニア・ヘルツェゴビナの大地で、初めてリクガメと出会った瞬間である。

リクガメの姿を発見！

枯葉の中に、リクガメの姿を発見した。暑い日中は姿を隠してしまうため、見つけることは困難。リクガメは主に朝方と夕方に活動する

墓地に暮らすリクガメ

人間の紛争に巻き込まれながらも
生き延びた強者たち

正体不明のリクガメ

リクガメを手に取り、命の重みを肌で感じる。今までよく生き延びてくれていたものだ。嬉しさと感動で胸がいっぱいになった。街では土地をめぐって人々が争っているのだが、ここはリクガメたちの土地でもある。そんな主張をしているかのようで、黒く大きく輝くリクガメの瞳に、野生の力強さを感じた。私は今、リクガメの土地にお邪魔しているのである。

さっそく、リクガメの観察を始める。背甲はきれいなモザイク模様であり、後部の縁甲板が強く突出しない俵型。尾先の鱗は鍵状に発達し、腹甲の各甲板には黒い斑紋があるため、ヘルマンリクガメ（*Eurotestudo hermanni*）に似る。しかし、ヘルマンリクガメであれば臀甲板が2枚に分かれているはずだが、この個体は臀甲板が癒合してひと続きであり、これはギリシャリクガメ（*Eurotestudo graeca*）の特徴である。また、腹甲の鼠蹊部にはヘルマンリクガメとギリシャリクガメにあるはずの三角形の鱗、鼠蹊甲板がない。このリクガメは、一体何だろうか。どの種にも当てはまらない。見れば見るほど、モスタル産のリクガメには不思議がいっぱいある。

やはり、他の個体も見なければ答えは出ない。さらなるリクガメとの出会いを求め、墓地周辺の山まで探索範囲を広げる。1匹見つかれば、他にも見つかる可能性が高い。

すっかり忘れていたが、地雷は怖い。しかし、ボスニア・ヘルツェゴビナでは、たとえ地雷原であっても900平方メートルあたりに1個の地雷が見つかる程度。それを踏むか否かは運次第。今は恐怖心より好奇心が勝る。

リクガメの甲羅についている名称

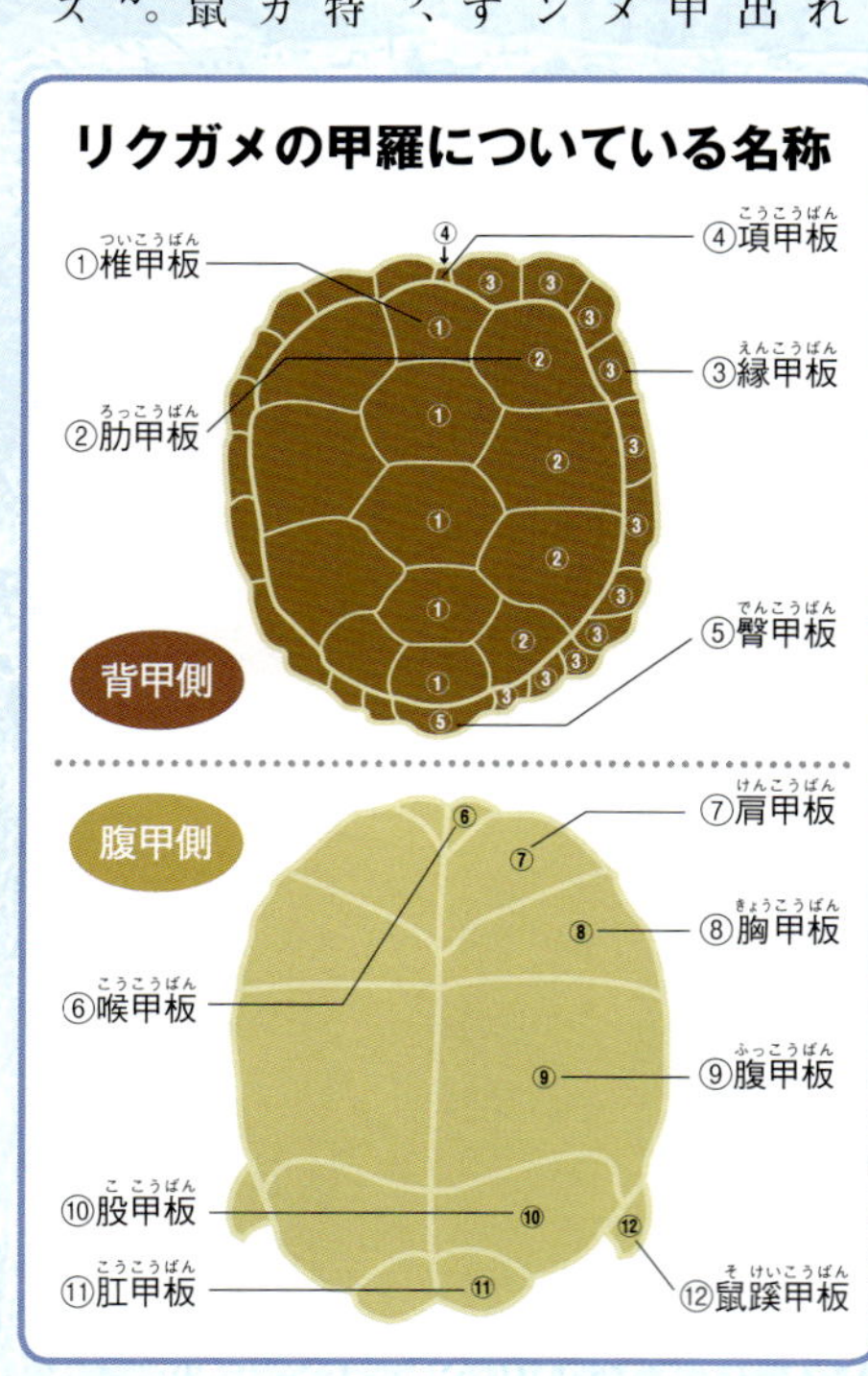

ヘルマンリクガメ？

腹甲の各甲板に黒い斑紋があり、見た目はヘルマンリクガメに似る。しかし、本来は２枚あるはずの臀甲板は、癒合してひと続きになっている。また、後肢の付け根部分にあるはずの鼠蹊甲板がなぜか存在しない

通常のヘルマンリクガメ

一般的なヘルマンリクガメは、臀甲板が２枚あり、鼠蹊甲板が存在する

戦火を逃れたリクガメたち

探索を続けると、緩やかな斜面の草の根元に、直径7チセンほどの穴を発見。崩れかけた入口の土を退けると、穴はリクガメの甲羅の幅程度の大きさまで広がった。リクガメの巣穴だ！

さっそく、両手で土を掘り起こし、巣穴の中に腕を伸ばした。すると、指先につるつると滑らかな感触を得た。甲羅だ。リクガメがいる！　さらに手で探ると、他にもリクガメの甲羅に触れることができた。どうやらひとつの巣穴に複数個体が潜んでいるようだ。そこで、カメラを押し込み撮影すると、巣穴に潜むリクガメたちの姿を写し出すことに成功した！

巣穴に潜んでいたリクガメは、計5個体。性成熟に達したオス1個体とメス2個体。さらに幼体が2個体であった。形態を比較すると、すべての個体に鼠蹊甲板がなかった。また、臀甲板は、メス1個体においてひと続きであった。しかし、幼体2個体とメス1個体の臀甲板は、2つに分かれていた。さらに、オスの臀甲板では、2つに分かれる筋がうっすらと入っているのを確認できた。これはどういうことか？　同じ個体群であっても、臀甲板の癒合の有無は、

壊れた棺桶の中は、リクガメにとって絶好の隠れ家となる

緩やかな斜面の草の根元に、リクガメの巣穴を発見！

巣穴を覗いてみると、中には何匹ものリクガメの姿を見ることができた。巣穴は扁平なナス型で、奥の個体は手前の個体が外に出るまで動けない。

巣穴に潜んでいたのは大小５個体。最低気温が急に下がる９月下旬には活動が止まり、翌春まで雪に埋もれた巣穴で集団越冬する

共通にもつ形質ではないようだ。答えを得るために他個体を探したつもりが、結果、混乱を招くものとなってしまった。ヘルマンリクガメなのか、ギリシャリクガメなのか。それとも両種の雑種なのか？　別種なのか？　今後、バルカン半島に生息する別地域の個体と比較するともに、遺伝的な差異を詳しく調べる必要があるであろう。

今回の調査では、ボスニア・ヘルツェゴビナにおいて、激しい戦火を乗り越えたリクガメたちの生息を確認することができた。しかし、これらをどの種として扱うべきなのか、結局判断できなかった。バルカン半島の西部地域はダルマチアと呼ばれ、ボスニア・ヘルツェゴビナのみならず、隣国モンテネグロやクロアチアにもリクガメが生息する。これらの地域の現状を調べ、リクガメを比較すれば、きっと何か新しい情報が得られるだろう。そう思うと、じっとしてはいられない。国境を越え再びリクガメ探索を開始した。一体どのような出会いが待っているのであろうか。

ヘルマンリクガメの形態変異

その後の調査で、ボスニア・ヘルツェゴビナで出会ったリクガメは、ヘルマンリクガメであることが判明した。ただし、通常のヘルマンリクガメよりも小型で、鼠蹊甲板がないという形態的な違いがある。では、このような形態変化が始まるのはどの地域からなのだろうか。そして、別種として扱うことはできないのだろうか。

ボスニア・ヘルツェゴビナ、クロアチア、モンテネグロを調査したところ、ヘルマンリクガメの形態の変化を確認することができた。モンテネグロ南部の個体は大型であるが、北部では小型化して、鼠蹊甲板が消失する個体が現れたのである。そして、その変化が現れる境界線が、コトル湾北部のヘルツェグ・ノヴィ周辺であることが明らかになった。

ただし、これだけで別種と判断することはできない。そこで、DNAを比較することにした。DNAの違いが大きければ、それは古い時代に遺伝的な交流が経たれたことを意味する。場合によっては、別種や別亜種に分けられる。しかし、モンテネグロ南部と北部、クロアチアやボスニア・ヘルツェゴビナの個体のDNAの配列を比較してみると、どれも100%一致したのである。これは、どれも同じ種であることを示すとともに、新しい時代に分布を広げたことを意味する。

DNAの比較が万能とは言い切れないが、ここまで綺麗に一致してしまうと、同じ種である以外の答えを導くことができない。もちろん、亜種にも分けられない。ただし、モンテネグロ北西部の境界線において、遺伝的な交流がない隔離状態で長い時が過ぎれば、別の種に変わっていくこともあるだろう。今はきっと移行期間。そんな進化の過程を垣間見ることができた。

しかし、ここでひとつ、大事なことを忘れていた。私が沿岸部一帯を調査できたのは、道路が整備されたからだ。車が通れる道ならば、カメでも通ることができる。これでは今後、遺伝的交流が起こってしまい、種分化が進むどころか、この地域に特異的に表れた不思議な形態的特徴が消えてしまうであろう。フィールド調査では、環境を変えてしまうことの重大さに気づかされる。人間の活動は、知らないうちに様々な生き物の進化に影響を与えているのである。

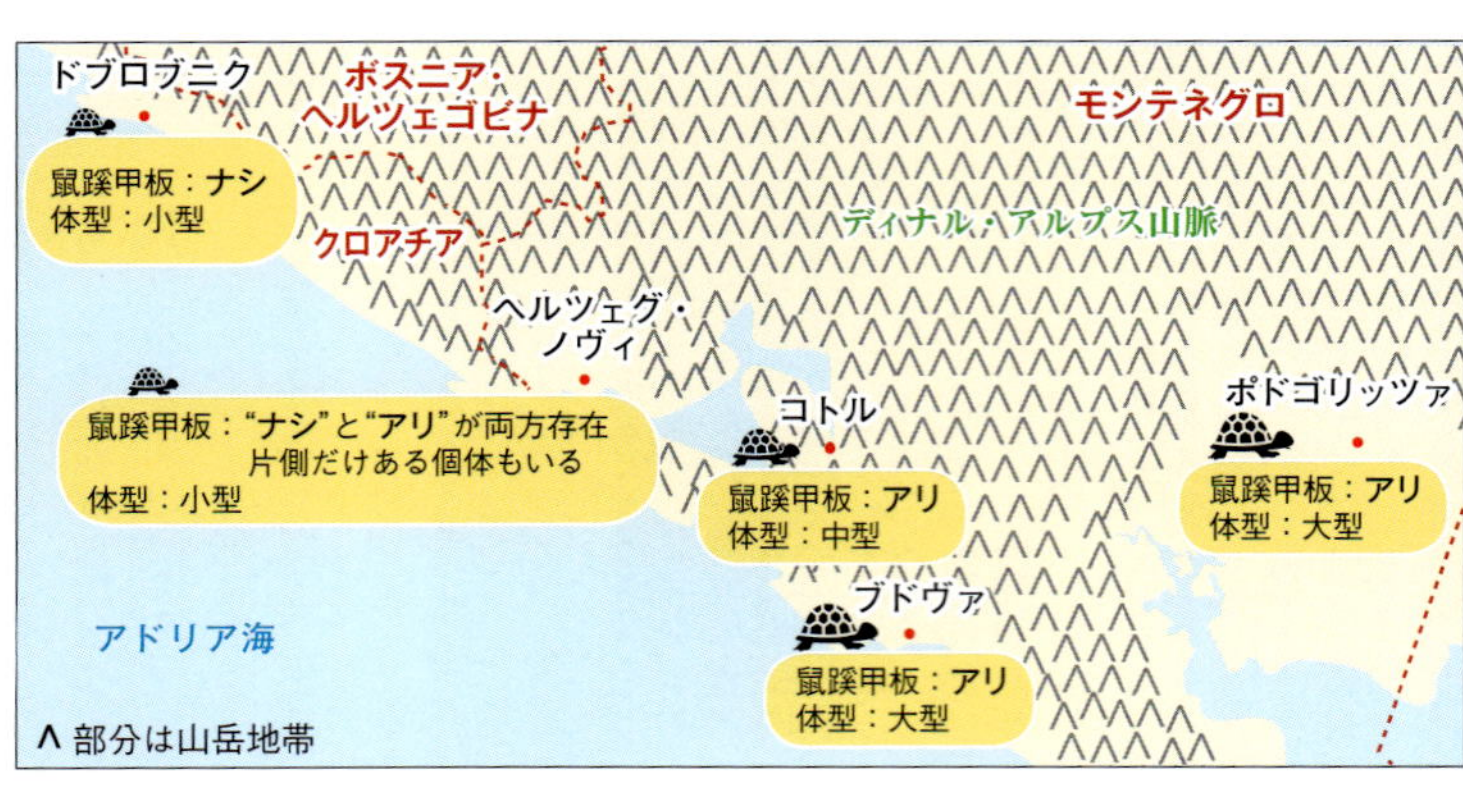

Another Episode : 2

ボスニア・ヘルツェゴビナ

「地雷原でも生き物を探し出すと没頭してしまう。ふと我に返って青ざめた」

私たちは、様々な情報が乱れる社会において、選択的に情報を得て暮らしている。経済的混乱やテロ、戦争など、世界でいったい何が起きているのか。そして、その時、生き物たちはどうしているのか。私が知りたい情報は、日本では得られない。だからこそ、現地に向かう。報道で知る世界がすべてではないのだ。戦場にも、生き物たちが暮らしている。

人が近づかない場所には、生き物がいる。それが地雷原であったらどうするか。もちろん、近づかない。しかし、知らなければ、踏み込んでしまう。ボスニア・ヘルツェゴビナが位置するバルカン半島には、過去の戦争の傷跡が各地に残る。まだ把握されていない不発弾もあれば、地雷もある。そのため、開発が進まず、豊かな自然が残る。石灰岩が広がる半島は独特な環境で、希少なリクガメやアシナシトカゲなどが暮らす。私にとって、生物の進化をひも解く鍵となる土地だ。

探索では、山頂から周囲を眺めてポイントを絞り、下りながら生き物の姿を探す。人や家畜が通る道に、地雷はない。しかし、生き物が逃げ込む場所は、未踏の場所が多い。危険が伴うが、止むを得ない。地雷注意の看板は、低地の道路脇に設置されている場合が多く、知らずに地雷原を抜けていることもある。今思えば、事故と隣り合わせであった。荒野では、破壊された墓場や銃器、火傷を負ったリクガメを確認した。今も昔も、世界各地で争いは絶えないが、争う土地は人間だけのものではない。戦火を生き抜いた生き物たちの力強さを感じると、やはり調査に夢中になってしまう。

穏やかな時間が流れる土地であっても、政情は刻々と変化する。現地では、人の動きに注意を払い、些細な情報も逃さない。デモや暴動を避け、いつでも動けるように準備しておくことが大切だ。

冒険の極意 I

旅に必要な物

地 図

最も重要。周辺の地形がわかる地図もあるとなお良い

生き物の写真

現地で情報収集する時に役立つ

底の厚い靴

現地では何を踏み抜くかわからない。安全対策は欠かせない

複数の懐中電灯

故障に備えて複数を持ち歩く。予備電池も忘れずに

○地図

訪れる国の地図は最も重要。近年は衛星写真も比較的簡単に入手できるので、地理的な情報も得ることができる。山、谷、川の位置を確認しておこう。もし道路から外れる予定があれば、周辺の地形がわかるように拡大地図も用意しておくと良い。

○生き物の写真

出会いたい生き物がいるのなら、その写真を用意すると効率よく情報を収集することができる。

○底の厚い靴

野外では、さびた釘やガラス片、毒を持つ生き物を踏むことがあるので、履物は靴底が厚くて指が露出しないものを用意する。服装は、その土地の風土に合ったものであれば何でも構わない。

○複数の懐中電灯

懐中電灯と予備電池は、たとえ日帰りを予定していても小型のものを常備する。自然の中に入る時は、いつどのようなアクシデントに見舞われるかわからない。私の場合、夜間は種類の異なる懐中電灯を4本と、それらの予備電池を持ち歩いている。

○大型のゴミ袋

装備品の中で、特に役に立つのが大型のゴミ袋。突然の雨にも、夜間冷えた時にも、穴をあけて被れば保温効果で体力の消耗を防ぐことができる。

○虫よけ用品

熱帯地域に赴くなら、虫よけ用品は必須アイテム。蚊に吸血されることによってマラリアなどに感染する恐れがあるからだ。肌に直接塗るものは、耳の裏まで念入りに。仕

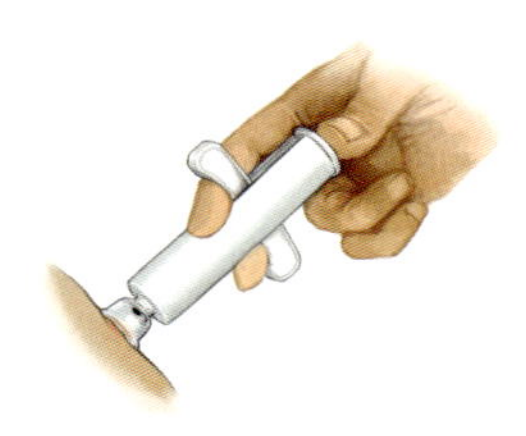

毒抜き用吸引器

いざという時のための応急処置対策

虫よけ用品

蚊に刺されないように。肌に直接塗り、さらにその上からスプレータイプも使用する

大型のゴミ袋

雨対策や夜間の防寒対策に

刃物

トラブルの原因になるので、できるだけ持ち歩かない

濡れタオル

熱中症対策に。水分補給の目安にもなる

飲料水

雑菌が繁殖しないように小分けにして

上げには、霧状のもので靴から服まで全身に使用する。予防薬を服用するのも良いが、万能ではないため、昼夜を問わず、蚊に刺されないように気をつけよう。

○毒抜き用吸引器

ハチ刺されやヘビの咬傷には、毒抜き用吸引器が役に立つ。応急処置のために備えておこう。

○飲料水

飲料水は、鮮度が命。雑菌が繁殖しないように小分けにして持ち歩く。砂漠に入る場合は、たとえ半日でも2ℓ以上は用意したい。効率よく体が水分を吸収できるように、スポーツ飲料を薄めたものが好ましい。

○濡れタオル

私は熱中症対策として、必ず頭に濡れタオルを巻く。その蒸発の程度を体の水分が奪われる速さの目安とし、タオルが完全に乾く前に水を飲む。野外には危険が多々あるが、やはり日頃の体調管理が鍵となる。過去には、無理をして灼熱の砂漠で鼻血を吹き出したことが何度かある。そんな時は無理をせず、近くの村で体を休めよう。

×刃物

刃物は海外では携帯すべきでない。森を開拓するわけではないので、仮に遭難しても小型のハサミやカッターで十分役に立つ。野外では、必ず誰かに注意深く観察されている。時には鍬ですら凶器と思われ、望遠レンズを構えるだけでも銃器に間違えられる場合がある。トラブルをできるだけ避けるために、これらを扱う場合はできるだけ手短に済ませよう。

第4章

カザフスタン編

灼熱の砂漠に、奇妙な生物が現れた。

強健な脚で大地を踏みしめ、大きな口をがばっと開けるその姿は、まるで映画に出てくる怪獣だ。砂漠に迷い込んだ人間を丸飲みにしてしまいそうな風貌だが、実際の大きさは全長わずか16チ。手のひらサイズで、よく見ればなんとも愛くるしい顔をしている。

この生物の正体は、オオクチガマトカゲ。ユーラシア大陸の限られた砂漠にのみ生息する幻のトカゲである。かつてトルクメニスタンを旅した時にも遭遇したが、今度はカザフスタンの大地で再び出会うことができた。

不思議に満ちたオオクチガマトカゲの魅力を存分に紹介する。

小さな怪獣
オオクチガマトカゲ

カザフスタン

カザフスタンは世界最大の内陸国であり、東西 3,200km にも及ぶ。国土の多くは荒地の平原だが、そんな代わり映えのしない大地が爬虫類たちの天国となる

危険と隣り合わせの旅

真っ青な空と黄金色の大地。カザフスタンは、ユーラシア大陸のど真ん中に位置する国である。果てしない草原が延々と続くカザフスタンの国土は、日本の総面積の約7・3倍。そんな広大な大地に降り立つと、探索意欲がかき立てられる。幻のオオクチガマトカゲは、いったいどこにいるのだろうか。

オオクチガマトカゲを見つけることは、とても難しい。生息場所は人が近づきにくい灼熱の砂漠。ただでさえ困難な道のりになるのだが、治安の悪さが探索をさらに難しくする。オオクチガマトカゲの分布域は決して狭いものではない。過去の記録では、西はコーカサス山脈北部のチェチェン共和国やダゲスタン共和国、ロシアのスタブロポリで生息が確認されている。そして、イランやアフガニスタン、中央アジアを経て、東は中国新疆ウイグル自治区北西部まで分布している。聞きなれない国や地域が多いが、ダゲスタン共和国やスタブロポリ周辺は、イスラム系武装勢力が多く潜伏していることで知られる。これらの地域ではテロ攻撃や治安部隊との衝突が絶えない。中央アジアの国々はまだ治安が良いが、武器弾薬の密輸や外国人の誘拐が絶え

ベロックスソウゲンカナヘビ

Eremias velox

乾燥に強いこのトカゲでさえ、生息するのは砂丘の周縁まで。草が生えない場所には寄りつかない

危険な場所に軍人はつきもの。政情不安な国々に囲まれたカザフスタンでは、国の安全が脅かされる地域に部隊が集中する。そんな地域にオオクチガマトカゲが生息している

ず、さらに民族紛争が頻発しているので注意が必要である。オオクチガマトカゲの生息地は、そんなユーラシア大陸の火薬庫とも呼ばれる危険な地域に点在している。トカゲを見つけるのが先か、事件に巻き込まれるのが先か。危険な地域では、一定の場所で時間をかけると命取り。狙われる前に、その場を後にする必要がある。

カザフスタンの大地をひたすら進む。カザフスタンの国土の大部分は、丈の短い草原が広がるステップ地帯と、岩や礫が散在する砂漠地帯である。どちらも乾燥した場所に変わりはないが、これらの環境にオオクチガマトカゲは生息していない。オオクチガマトカゲの住処は、砂で形成された砂漠の丘。きめ細やかな砂丘を好むのである。

生き物の姿はさらに消え、地元の人も近づかない静かな砂漠。そんな過酷な環境に突如現れたのは、なんとカザフスタン軍。誤認で連行されたら探索時間が減ってしまう。演習中なのか軍事展開中なのか詳細はわからないが、この先を越えなければオオクチガマトカゲの住処には辿りつけない。流れ弾に当たるのは御免だが、身をひそめて先を急ぐ。楽しいはずの生き物探しだが、なぜかいつも危険と隣り合わせになってしまうのである。

砂漠に現れたオオクチガマトカゲ。大きな口を開いて威嚇するその姿は、まさに砂漠の怪獣である

オオクチガマトカゲを発見！

静かな砂漠に暑い日差しが降り注ぐ。生き物の姿はまったく見当たらないが、足元にはいくつもの巣穴が空いている。その入口は半円状で、大きさは直径4㌢ほど。奇妙な静かさに包まれた巣穴だが、生き物が棲んでいる気配がある。砂は風が吹けばさらさら動くほど柔らかい。生き物の出入りがなければ、穴はすぐに塞がってしまうだろう。入口の形状が綺麗に保たれた巣穴からは、今にも何かが出てきそうである。よく見ると、入口には足跡が2列うっすらと残っていた。尾の痕跡が残っていないので、宿主はきっとガマトカゲの仲間。オオクチガマトカゲか？　すぐにでも掘り起こしてみたいが、今は我慢。静かに待てば、きっと相手から姿を現してくれるだろう。周囲の巣穴をくまなく見渡していると、案の定、穴の中から何かが顔を出した。ネズミやモグラのように首が短いその生き物の正体は、やはりガマトカゲの仲間。丸い頭に大きな口が特徴的。そして口元をよく見ると、なんと口角にひだがある。幻のオオクチガマトカゲを発見！　ようやく彼らの生息地に踏み込むことができたのである。これでひと安心。遠くカザフスタンに来た甲斐があった。

オオクチガマトカゲ！
近くで見ると
迫力があるが、
実際には
手のひらサイズ

オオクチガマトカゲのなわばり

砂漠の丘に無数に空いた巣穴は、すべてオオクチガマトカゲの住処。周囲に見えるだけでも20もの巣穴があり、各穴の中に1匹ずつ暮らしている。どうやら入口近くで外の様子をうかがっているようで、チョロチョロ頭が見え隠れする。彼らは警戒心が強く、人影に気づいた途端、巣穴の奥に後退して当分の間出てこない。そのため捕獲は困難。狙い目は、体全体が外に出て巣穴から少し離れた時。この状態であれば、何かに驚いても巣穴に逃げ戻ることはない。危険が迫ると一直線に走りだし、砂の中にさっと姿を消すのである。その場所をしっかり追えていれば、捕獲は容易。潜った場所にそっと近づき、砂の上から人差指で頭を軽く押さえ、砂と一緒に軽く握って捕獲完了。ただし、これで気を抜いてはいけない。オオクチガマトカゲは攻撃的である。私の指に咬みつくと、怯んだ隙をみて逃走した。すぐに追いかけ追いつめるが、逃げ場をなくしたトカゲは大きな口を開け、口角のひだを広げて私を威嚇する。捕まえようと手を伸ばそうものなら、飛びかかって咬みついてくるのである。想像以上のジャンプ力だ。大きな人間に果敢に戦いを挑むその姿は、まるで小さな怪獣である。

捕まえたオスの腹部には咬み跡がある。オス同士で咬み合うことが多いのだろう。特に個体数が多い場所でその傾向が強くなると感じる。生息密度が高くなれば、餌となる昆虫が十分に行き届かなくなる。空腹はケンカのもと。一方、なわばり争いに関わらないメスと幼体は気ままである。オスには同種のメスや幼体は攻撃しないという優しい一面がある。お互いの識別には、どうやら尾の色が関係しているそうだ。オオクチガマトカゲは、感情を尾の動作に表す。尾先を縦巻きに動かすのは興奮した証。巻く度合いは興奮の程度を示し、怒っている時や嬉しい時は尾を大きく巻き上げる。メスと幼体にとっては、この動作がオスの攻撃を避ける役割も果たす。また、メスと幼体の尾の腹面は、美しい橙色。この色を見るとなぜかオスは攻撃しないのである。一方、尾の腹面が白色であれば、それは性成熟したオスであることを示し、熱いなわばり争いに発展する。

オスは冬を2回経験した後、性成熟に達する。その頃には美しい橙色は褪せてしまい、それが一人前の大人になったことを意味する。興味深いのは、橙色が消えかかっている若いオス。大きなオスに対して、尾の裏を見せずに退散することもあった。負ける戦は挑まない。その姿は、まるで平和な子供時代を懐かしんでいるかのように見えた。

餌ないかな…

オオクチガマトカゲの一日

オオクチガマトカゲの朝は遅い。私が起きたのは朝8時。周囲を見渡してもオオクチガマトカゲは1匹も姿を現していなかった。身支度をした後、再び探してみるが、まだ出てこない。のんびり待つこと1時間半。ようやく頭を出し始めた。ここから彼らの一日が始まる。

まずは、体温を上げる。日差しが強くなると、巣穴の出入口付近は暖かくなる。体温が活動に適する温度になるまで外には出ず、出入口付近でじっと待つのである。その後は、頭を出して周囲の様子を確認する。安全が確かめられたらパトロールを兼ねた餌取りを開始。たいてい、50平方メートルの範囲内をうろうろしている。そして、お腹が満たされると、地表が熱くなる前に巣穴に戻って休んでしまう。午前11時を過ぎると徐々に姿を見なくなり、午後5時を過ぎるまで涼しい巣穴の中でゆっくり休むのである。

オオクチガマトカゲは砂漠に棲むトカゲであるが、暑さを好まず、一日の大半を湿度が高く涼しい巣穴の中で過ごしている。夕方になり、日差しが弱くなるとまた外に出て餌を取るが、風が吹く時は活動せずに巣穴の中で過ごす。もちろん夜間は眠っている。巣穴に戻るのが面倒な個体は、

早寝遅起？

9:00　10:00　11:00　12:00　13:00　14:00　15:00

起床　餌探し　一休み

巣穴から顔を出し外の様子をうかがいながら、体温が上がるまでじっと待つ

体が温まったら周辺をパトロール＆餌探し

砂の中に潜りそのまま寝て夜を越すこともある。現地では、夜間に走り回るオオクチガマトカゲの情報をたびたび得ることがあるが、それは驚いて砂の中から飛び出したところを目撃されたのだろう。砂の中に潜っているオオクチガマトカゲをうっかり踏みつけてしまうことがある。踏まれたトカゲは慌てて走りだし、闇夜に消えて行くのである。

カザフスタンの場合、夜といっても夏は午後10時を過ぎてから暗くなる。そして日の出は早く、朝は4時半頃から明るくなる。朝方は寒いためオオクチガマトカゲは活動しないが、夜は午後8時頃まで走り回っている。しかし、夏が終わり9月を過ぎると活動時間は短くなる。カザフスタンは気温の年較差が大きく、冬季には雪が積もるほど気温が下がる。10月中旬になると最低気温が5℃を下回り、11月には雪が降る。その後、翌年の4月には雪は解けるが、オオクチガマトカゲが活動し始めるのは5月以降。彼らは1年のうち、約7ヵ月間は巣穴の中で休眠しているのである。冬越しは、1メートル以上深く掘られた巣穴の中。外気温はマイナス15℃と過酷な地であるが、雪に覆われた砂の中は0℃以下になることはない。体に負担がかかる時期は、快適な場所で寝て過ごすオオクチガマトカゲ。砂漠の性質を上手に利用することで、過酷な環境に適応したようだ。

寒くなってきたので巣穴に戻って就寝。巣穴に戻るのが面倒なときは、適当に砂に潜って休む

涼しくなってきたらまた餌探し

地表が熱くなってきたので巣穴に戻って一休み

地域で異なる体形

不思議なことに、カザフスタン東部のオオクチガマトカゲは、以前見つけたトルクメニスタンの個体と比較すると、体がひと回り小さい。トルクメニスタン産が全長約22㌢であるのに対し、今回出会ったのはどれも全長16㌢ほどと小型であった。最初に見た時は、まだ子供なのではないのかと思ったほどである。今回見つけたカザフスタン東部の個体群は、亜種 *Phrynocephalus mystaceus aurantiacaudatus* とされている。この亜種の特徴は、小型で尾が短いこと。尾の長さは頭胴長と同じか、わずかに短い傾向がある。また、尾の腹面は鮮やかな橙色。亜種名の aurantiacaudatus は、〝橙色の尾〟に由来し、幼体は雌雄ともに橙色で美しい。これらの特徴は、カザフスタン東部から中国新疆ウイグル自治区北西部までの個体で見られるようだ。しかし、尾の色を除いた形態的特徴は、コーカサス地方からカスピ海北部に分布する基亜種 *P. mystaceus mystaceus* と何ら変わらない。一方、トルクメニスタン周辺の個体群は、亜種 *P. mystaceus galli* とされ、大型で尾が長い傾向がある。また、口角のひだも他の亜種より大きいとされる。ただしこれは成体での特徴。幼体は尾の腹面が基亜種と同じ薄い黄色で

熱い砂地ではかかとで体を支える。指先を砂から離すことで暑さから身を守っている

指先を上げて暑さ対策!?

あるため、見分けがつかない。オオクチガマトカゲは移動性が低いため、自ら草原を越えて長距離移動することはない。比較的孤立した環境に定住しているため、遺伝的な交流もないと考えられる。地理的な理由でこれらの亜種を認めることも可能なのだろうが、今後は遺伝的な差異も比較する必要があるだろう。

オオクチガマトカゲの大型個体と小型個体を見比べると、その違いに驚いてしまう。形態的変異が大きく、体の大きさも体色も様々であるが、緯度が高くなるにつれて小型化する傾向がある。緯度が高くなれば気温も下がる。もちろん冬季も長くなる。そんな活動時間が短くなる環境で、大きな体は都合が悪い。変温動物であるオオクチガマトカゲにとって、小型化は、体温を効率よく上昇させるのに都合が良いのだろう。

野生個体を見つけるだけでも苦労するオオクチガマトカゲ。その分布や生態にはまだまだ多くの謎が残されている。以前から生息環境の破壊や過剰な採集による絶滅が懸念されているが、幸いにも紛争が絶えない危険な環境が彼らを絶滅から救っている。今後もそんなオオクチガマトカゲを求め、広大なユーラシア大陸に広がる砂漠を飛び回ることだろう。

雄雌の違い

性成熟したオス（右写真）の尾は腹面が白くなり、喉は黒く色づく。
一方、メス（左写真）は尾の腹面は橙色。尾先の黒色が消え橙色一色になることもある

オオクチガマトカゲは3種類いる？

- *Phrynocephalus mystaceus mystaceus*
  コーカサス地方からカスピ海北部に分布する基亜種。幼体やメスの尾の腹面の色は薄い黄色。
- *Phrynocephalus mystaceus aurantiacaudatus*
  今回調査したカザフスタン東部から中国新疆ウイグル自治区北西部まで分布する亜種。幼体の尾の腹面の色は鮮やかな橙色。
- *Phrynocephalus mystaceus galli*
  トルクメニスタン周辺に分布する亜種。大型で尾が長く、口角のひだも大きい。幼体やメスの尾の腹面の色は基亜種と同じく薄い黄色。

カザフスタンの生き物たち

カザフスタンの地形は多様で、灼熱の砂漠もあれば険しい渓谷もある。オオクチガマトカゲの他に、カザフスタンで出会った生き物たちを紹介しよう。

ルッソウィイワヤモリ

Mediodactylus russowii

全長 12cm。吻が短く目が大きいため、よく見れば可愛らしい顔をしている

コーカサスゴールデンスコーピオン

Mesobuthus caucasicus

岩場に好んで生息する。毒は弱いが要注意。夜になると活発に動き出す

ステップアガマ

Trapelus sanguinolentus

さっそうと走り抜けるステップアガマ。小枝のような体が枯草によく同化する

キタミユビトビネズミ

Dipus sagitta

長い尾を器用に使いバランスをとる。体は12cm ほどの大きさ

ワライガエル

Pelophlax ridibundus

砂漠には生き物たちのオアシスが点在する。地下から水が染み出すと、ワライガエルたちがどこからともなく現れる

ロシアリクガメ

Testudo horsfieldii

ロシアリクガメはカザフスタンに広く分布しているのだが、どこにでもたくさんいるわけではない。分布域は国土の南半分側。その範囲においても、現在は暖かい南部の砂漠地帯で個体数が多く、北に向かうほど減少傾向にある。驚くのはその北限で、北緯46度付近まで分布しているのである。これは日本最北端の北海道宗谷岬に相当する位置だ。北に向かえば向かうだけ夏は短くなるので、北部のロシアリクガメは年間9ヵ月以上休眠状態となる場所もある。子ガメの生存率も低く、1年目で9割前後が命を落としてしまう。そんな過酷な地域に生きるロシアリクガメは、細々と命をつないでいるため、一度乱獲されると元の個体数に戻ることは難しく、地域絶滅に陥ってしまうこともある。

草原の中に掘られた穴を発見！よく見ると中には埋もれた甲羅が見える。その正体は、地中に潜る途中のロシアリクガメ

テラトスキンクヤモリ

Teratoscincus scincus

夜10時を過ぎると、あたりは夜行性動物の世界へと移り変わる。夜の砂漠を好む彼らにとっては活動しやすい環境であるが、私にとっては少し辛い。それは、凍えるような寒さ。カザフスタンは高緯度に位置し、さらに内陸部であるため、気温の日較差がとても大きい。現在は初夏だが、そんな暖かい時期であっても、夜間はセーターを着込まなければ震えてしまうほどの寒さを感じるのである。夏にセーターを着るのは初めてだ。

歩いていると小さな目が赤く光った。砂の上で寝そべる生き物の正体は、テラトスキンクヤモリ。過酷な荒地の環境に適応した可愛らしいヤモリである。こんな寒い場所でつるつるの皮膚を見ると、よく寒さに耐えられるものだと感心してしまう。テラトスキンクヤモリの皮膚はとても弱い。そのため、手でつかむと簡単に皮膚がずる剥けてしまう。特に指の圧力を嫌うため、指でつまむと解放されようと体を回転させる。それに合わせて強く握ってしまうと、ぬるっとした生温かい肉に触れることになる。普段は体験しない指触りを感じると同時に、なんとも言えない罪悪感に陥ってしまう。そのため、捕まえる時には砂と一緒に体全体をつかむのが好ましい。その後は、丸めて筒状にした新聞紙に1匹ずつ入れて捕獲完了。体にフィットする環境であると、おとなしくなるのである。

寒い砂漠で撮影を続ける。明るいライトに驚きながらも良いポーズをとってくれるものである

Another Episode：3

カザフスタン

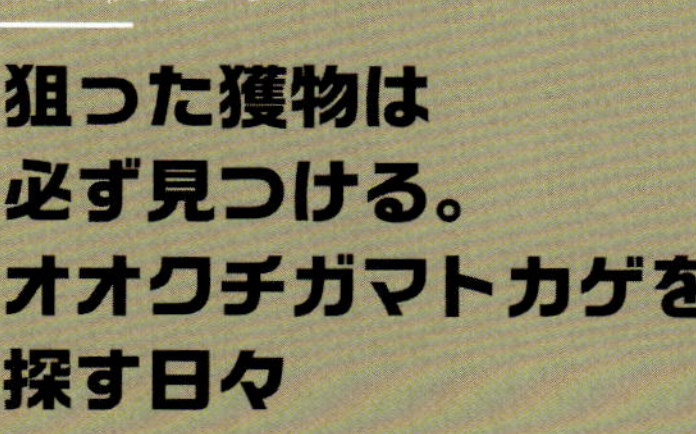
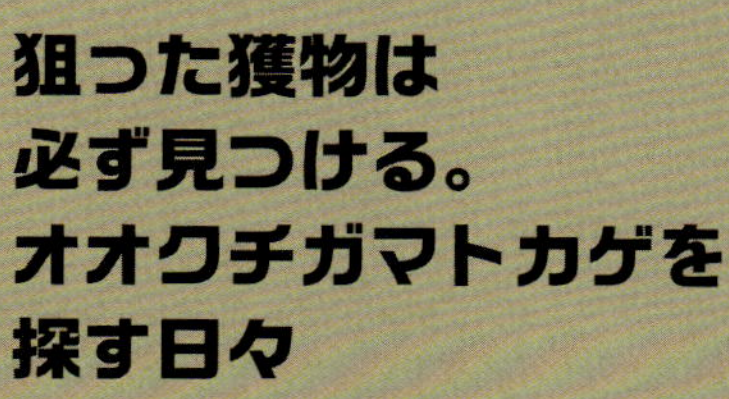

「狙った獲物は必ず見つける。オオクチガマトカゲを探す日々」

オオクチガマトカゲが記載されたのは、1776年のこと。それから240年が経過したが、本種の情報はとても少なく、幻のトカゲであった。私は中央アジアに何度も訪れ、オオクチガマトカゲの姿を追った。地図で地形を見て生息地を予想し、様々な環境で探したが、なかなか見つからなかった。現地での聞き込みでは手応えを感じ、その存在を確信したが、目撃情報の多くは何十年も古く、その場所に辿り着けても見つけられない日々が続いた。時には灼熱の砂漠で鼻血を吹き出し、体が限界を超えることもあったが、トルクメニスタンの砂漠でようやく見つけることに成功した。その後、カザフスタンでも本種の生息地を突き止め、彼らの生態をじっくり観察することに成功した。オオクチガマトカゲは、人が近づきにくい環境に暮らす、砂漠に特化した生き物であった。

砂漠で生き物の姿が見当たらなくなれば、誰もがその先に探しに行くことはないだろう。生き物がいないことは過酷な環境であることを意味し、危険だ。しかし、その先にある世界に踏み込めば、まだ見ぬ生き物に出会えるかもしれない。戻りたい気持ちを何度も抑え、砂に埋もれる足を一歩一歩前に進め、ようやく行き着いた場所が、オオクチガマトカゲの世界であった。オオクチガマトカゲを見つけた時の感動は忘れられない。夢中になって砂漠を走って捕まえた時には、「捕った！」と何度も大きな声で叫んだ。もちろん、周囲には誰もいない。時折、ラクダが通る。そんな環境に摩訶不思議なオオクチガマトカゲが棲んでいた。本種は口角のひだを広げることで、大きな口をより大きく見せることができる。また、指の鱗は発達して鋤状で、砂漠の砂を蹴って進むために適し、尾先を上げて感情を表現する。この地球には、これほど奇妙で愛くるしいトカゲが存在する。諦めずに砂漠を進み、彼らと出会った記憶は、今も鮮明に残る。

第5章

セーシェル編 ①

常夏の楽園、セーシェル。
アフリカ大陸から 1,300km 離れたインド洋に位置する島国である。
青い海と白い砂浜に囲まれた大小 115 の島々は、
海に散りばめられた宝石のように美しく、
インド洋の真珠と呼ばれるほどだ。
そんなセーシェル諸島には、巨大なゾウガメやカメレオンなど、
独自の進化を遂げた生き物たちが暮らしている。
セーシェルで出会った生きものたちを紹介する。

闇夜に光る
タイガーカメレオン

セーシェル共和国

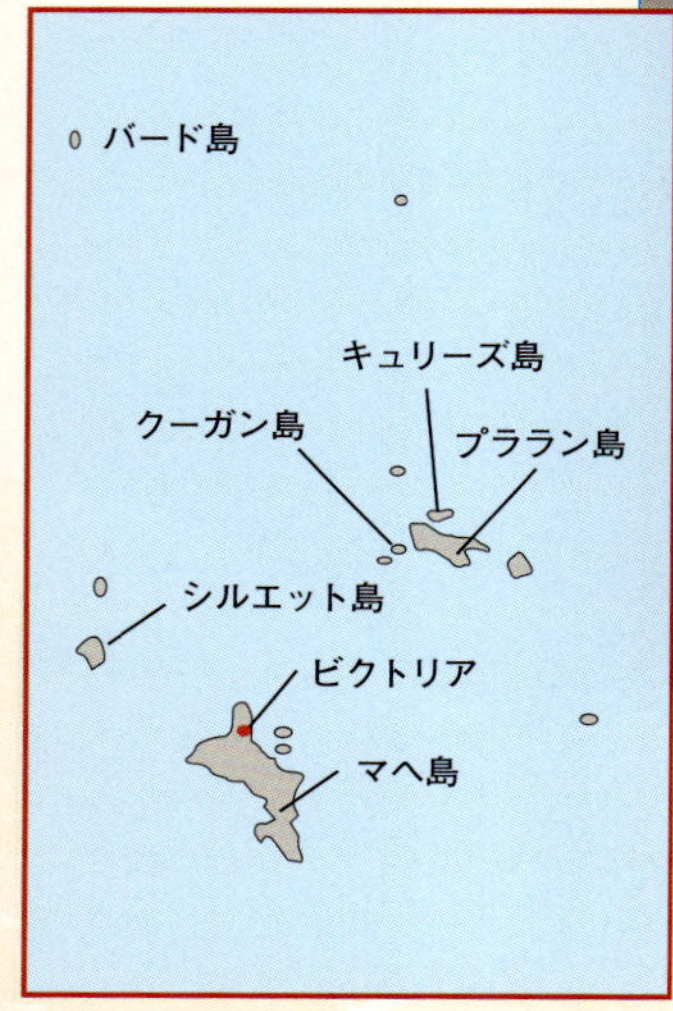

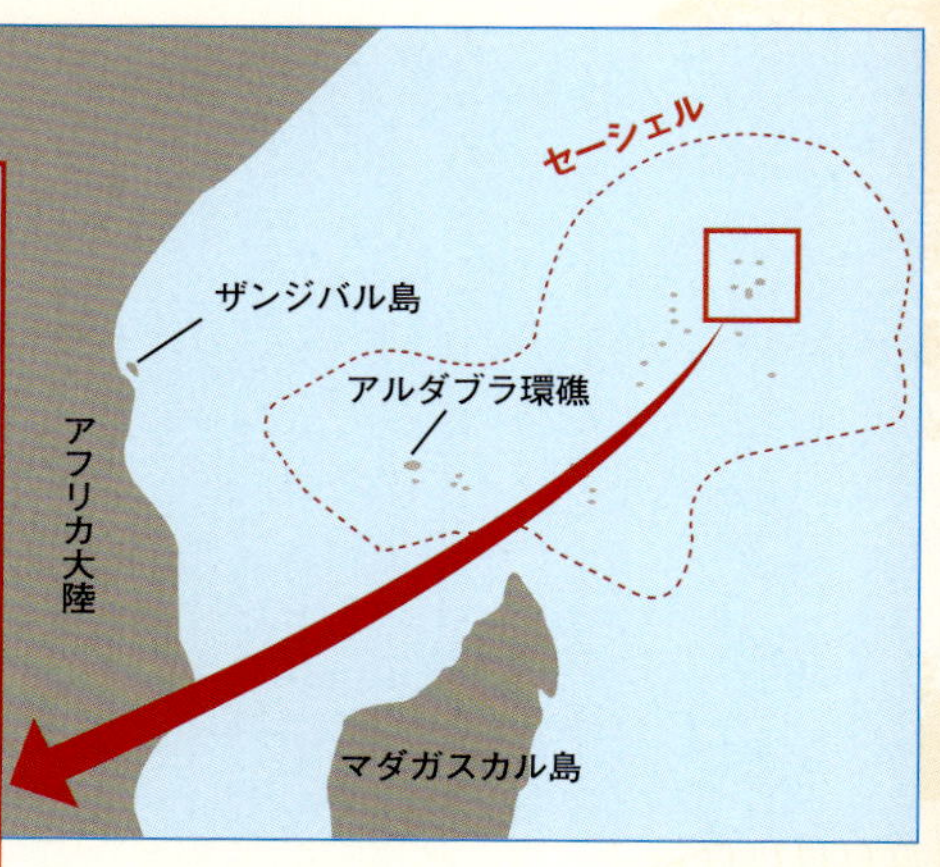

セーシェル共和国（通称セーシェル）はインド洋に浮かぶ115もの島々からなる国家。アフリカ大陸から1300kmも離れており、貴重な固有種が数多く棲息する。世界遺産に登録されているアルダブラ環礁もセーシェルに含まれる

南国のセーシェルへ！

日本を出発して18時間が経過した。飛行機が高度を下げて雲を抜けると、どこまでも続く青い海に、小さな島々が現れた。セーシェル諸島だ。国際空港は、この国で最も大きな島であるマヘ島にある。マヘ島の面積は154平方キロで、日本の宮古島ほどの大きさ。この島だけで国土の総面積の1／3を占めている。今回はこの島を拠点にセーシェルの島々を巡る予定だ。

飛行機から降りると、空港で簡単な審査を済ませて入国完了。ガラパゴス諸島のように、動植物の持ち込み等の細かな検査はなく、あっという間だ。国が異なれば検疫方法も異なる。セーシェルの気候は、年間を通して気温差が小さい温暖な海洋性気候で、平均最高気温は30℃。さすが、赤道に近い国。ヤシも立ち並び、南国の雰囲気たっぷり。一歩外に踏み出せば、強い日差しが照りつけ、蒸し暑い空気に包まれる。

セーシェルは国民所得が高く、義務教育と医療が無料。アフリカの中で最も幸せな国とされている。しかし、近年は人口が増え、島の環境が大きく変わってきたようだ。マヘ島の生き物たちは激減していると聞く。セーシェルの人

セーシェル、マヘ島北部に位置する首都ビクトリア。街にはフランス・イギリス植民地時代の建物が残る。背後の山には、固有種セーシェルオオコウモリが飛ぶ姿を見ることができる

口は8万人ほどと少ないのだが、その90パーセントがマヘ島で暮らしており、それに伴ってイヌやネコのような外来生物も侵入している。

**セーシェル
マブヤトカゲ**

Trachylepis seychellensis

低地から丘陵地まで広く分布するセーシェル固有種で、マヘ島周辺の島々で最も多く見られる爬虫類。産卵数は1度に5個前後で、年中繁殖する

セーシェルの固有種たち

セーシェルコクロインコ
Coracopsis barklyi

幻のセーシェルコクロインコ。全長30cmほど。現在、プララン島と周辺の島に600羽ほどが生息している

セーシェルヒルヤモリ
Phelsuma astriata

全長14cmほど。花の蜜を好んで食べ、年中繁殖する。メスは1cm程の卵を1度に2個、樹皮の隙間などに産む

セーシェルの固有種と外来種

マヘ島を出発し、44キロ北東に位置するプララン島に移動した。プララン島はマヘ島に次いで大きな島で、面積は約38平方キロ。残念ながら、この島では野生のゾウガメは姿を消してしまったようだ。ゾウガメに出会うことは、そう簡単なことではない。島のあちらこちらでは、固有種のセーシェルマブヤトカゲが走り回っている。全長20センチで、主に低地に分布する。このトカゲは警戒心が弱く、観察は容易。しかし、動きは素速くて、近づくとあっという間に岩の隙間に隠れてしまう。プララン島は、ゆっくり移動しても1日で1周できるほど小さく、ジャングルが広がっているが、秘境とは言えない。それでも山間部では、幻のセーシェルコクロインコの姿を見ることができる。生息数は僅か600羽で、絶滅が危惧されている鳥だ。セーシェル諸島には、貴重な生き物たちが人の手が届く範囲で暮らしている。

そんな島に、奇妙な動物が侵入した。テンレックである。体の大きさは30センチほど。頭が大きくて吻が長いのでハリネズミに似るが、体は細くて四肢が長い。尾は非常に短く、動きは鈍い。初めて出会った時には驚かされた。私の姿に驚きウロウロしている姿に、何か見てはいけない生き物に

セーシェルキバラハコヨコクビガメ

Pelusios castanoides intergularis

20年前には400個体ほどの成体がいたが、現在は100個体までに激減した。マヘ島やプララン島、シルエット島、ラ・ディーク島などに分布し、緩やかな流れの川に生息する。腹甲は黄色で、前方中央にある鱗の継ぎ目が平行（矢印部分）であるのが、この亜種の特徴のひとつとされている

出会ってしまったと感じたほどである。テンレックの原産地は、マダガスカル。セーシェル諸島には100年ほど前に人為的に持ち込まれた外来生物であり、今ではマヘ島とプララン島に広く分布している。テンレックは雑食で、果実や昆虫、貝類から爬虫類まで何でもよく食べる。そのため、セーシェル固有の動植物が捕食されていることが問題になっている。テンレックは、原産地では乾期の間に潜って休眠するのだが、セーシェルでは年中活動する。これは捕食される生き物の数が多いことを意味する。セーシェルの島々にはテンレックを捕食する野生動物は存在しないので、放置しておけば取り返しのつかないことになるだろう。

テンレック

Tenrec ecaudatus

ネズミの仲間で、夜の森では「ギギギギッ」と仲間と喧嘩をする声が響く。人家の周りから山頂の森まで広く分布し、雑食で何でもよく食べる。セーシェル固有の生き物たちを食べつくす勢いだ

樹上に見えるのは……

一般的にあまり知られていないが、セーシェル諸島にはカメレオンが1種だけ生息している。分布域は限られていて、現在確認されている場所は、マヘ島とプララン島、シルエット島だ。もちろん、固有種であり、生息数が少ないため世界で最も絶滅の危機に瀕しているカメレオンのひとつとされる。そんなカメレオンに出会うため、海岸から山に至るまで森の中を探してみた。しかし、擬態が得意なカメレオンを日中に探すのは難しい。さらに生息数が少ないので、見つけるのは至難の業。島民に聞いても、「見たことがない」「この島にはいない」と返事が返ってくるほどだ。それでも絶滅したわけではないので、探せば見つかるはず。やはり、カメレオン探しは夜が最適。闇夜では体色を周囲の色に変化させることができないので、体色が白っぽくなっている。さらに懐中電灯の光に当たれば、木の葉と異なり光を反射する。森の忍者にも弱点があるのである。

日暮れとともに、カメレオン探しのため森に入る。乾燥した森よりも、湿った森。できれば小川が流れる谷間がよい。適度な水と豊富な餌を好むカメレオンの気持ちになって探すと、発見できる確率は高くなる。夜の森を黙々と歩きながら、カメレオンの姿を探す。度々、木の上で何かが揺れるが、その正体は固有種のセーシェルオオコウモリ。揺れる木々に毎回気をとられてしまうが、カメレオンは動くこともなければ音を立てることもない。夜は動かず、ずっと寝ているのである。

懐中電灯の光を木々に当てながら、カメレオンの姿を探す。カメレオンが寝るのは木の上。地面で寝る種であれば、すでに夜行性のテンレックに捕食されて絶滅しているだろう。しかし、なかなか姿を見つけることができないので、〝地域絶滅してしまったのではないか?〟と悪い予感が頭をよぎった。そんな時、周りとは異なる様子の木の葉を発見。形は葉のようだが、懐中電灯の光に反射して薄黄色に見える。色素が抜けた枯葉だろうか。遠くてよく見えない。その場に立ち止り、じっと観察することにした。穏やかな風が森に吹くと、わずかに葉が揺れた。しかし、揺れ方は他の葉とは異なり弱く、まるで重い振り子が動いているようだ。これは枯葉ではない。カメレオンだ!

四肢でしっかり葉をつかみながら寝ている。寝ている間は擬態することなく地色のままなので、カメレオンを見つけるのは夜が最適

闇夜に光るカメレオン

さて、このカメレオンをどのようにして捕まえようか。細い木であれば、強く幹を蹴ることで揺らし、落とすことができる。しかし、木の幹は直径60センチを超えるため、たとえ蹴ってもわずかな振動しか与えることができない。これではカメレオンに対して、逆効果。弱い振動に警戒心を抱き、葉に強くしがみついてしまう。もちろん、私が木に登ることは可能だが、幹からカメレオンがいる枝先まで遠くて手が届かない。残念。カメレオンの姿は確認できるのだが、近づくことすらできない。やはりカメレオンの仲間は賢い。カメレオンが高い木の細い枝のさらに先についた葉にしがみついて寝る理由は、ヘビから身を守るため。ヘビが体を支えきれずに落ちてしまう場所を選んで寝床とする。たとえヘビが接近したとしても、大きな揺れを危険なものと判断して、カメレオンはとっさに手を放して木の上から地上に落ちて難を逃れるのである。たとえ10メートルの木の上から落ちても、カメレオンは体が軽く、さらに林床の枯葉が衝撃を吸収してくれるので問題ない。そんな安全な場所で、カメレオンはゆっくり夜を過ごすのである。

ヘビが近づけない枝先に、私が移動できるはずがない。仕方がないので、地上から木の棒を投げて枝を揺らす作戦にでた。きっと敵が近づいたと思って落ちてくるだろう。気をつけなければならないのは、コントロール。棒をカメレオンがいる地上7メートルまで思いっきり投げるので、棒がカメレオンに当たると殺してしまうことになる。落ちる衝撃には強いが、ものが当たる衝撃には弱い。しかし、手加減をして弱い振動を起こせば、カメレオンは落ちないように強くしがみ付いてしまう。おそらくチャンスは1回だろう。

直径4センチ長さ50センチほどの棒を用意すると、カメレオンがしがみ付いている枝の付け根に思いっきり投げつけた。〝バシッ！〟当たりは狙い通り。枝は大きく揺れ、木の上からヒューッとカメレオンが落ちてきた。大成功！

林床に着地したカメレオンは、四肢を伸ばして腹を地につけたまま動かない。大丈夫だろうか。心配になったので、カメレオンの顔をそっとのぞいてみた。目が開いているので、命に問題はないようだ。しかし、急に起こされたためか、とても不機嫌な様子。目を細めてムスッとしている。カメレオンは爬虫類の中でも珍しく、表情が豊かである。大きな目が口ほどにものを言う。怒っていることがわかれば、カメレオンを刺激しないように、気分が落ち着くまでそっとしておくとよい。気を取り直して、また元の木に戻って

タイガーカメレオンを捕獲！

まだ寝ぼけているが、後肢と尾でしっかり体を固定して、前肢でつかめそうな枝を探している

くれる。カメレオンの全長は15センチほど。先ほどまで寝ていたので全身が黄色だが、セーシェルの秘宝タイガーカメレオンに間違いない。このカメレオンは、外見はインドカメレオンやチチュウカイカメレオンに似る。そのため、タイガーカメレオンはこれらと同じ*Chamaeleo*属に分類されていたが、近年の研究で、これらよりもアフリカ大陸東部のコノハカメレオンの仲間である*Rieppelon*属に近縁であることが明らかになり、新たに*Archaius*属が設けられた。

詳しい生態については不明とされているが、本種の産卵期は降水量が多くなる10月に始まり、メスは卵を10個前後産むそうだ。産卵は地上や樹上で行なわれる。セーシェル固有のタコノキでは、茎を包む葉の基部に溜まった腐葉物の中に卵が確認されている。

タイガーカメレオン

Archaius tigris

セーシェルの秘宝タイガーカメレオン。セーシェル諸島の固有種であり、推定2000個体が生息しているとされる。尾に残る咬み跡は、近くに他個体がいることを意味する

タイガーカメレオンの秘密

木の上から落とされたタイガーカメレオンは、両腕を伸ばし、手探りでつかめそうな枝木を探している。カメレオンは暗いと周りがよく見えない。せめて不自由がないようにと、ライトを弱くして周囲を照らしてみた。すると、周りの環境にスッと体色を変化させた。さすがカメレオンだ。これでは近くに隠れていても気が付かない。しかし、ライトを消すと、また体が黄色くなる。やはり、カメレオンは太陽の子。光が姿を隠して命をつなげる。そして、闇が命を奪う。とても神秘的な生き物である。さすがのカメレオンも、光をつけたり消したりする私の相手に疲れたようだ。光を当てても体色を変えることをせず、黙々と歩き出すと近くの木に登り、どこかに姿を消してしまった。

セーシェル諸島に生息するタイガーカメレオンは、推定2千匹と考えられている。生息数の減少は、開発による生息地の破壊と考えられているが、かつては島の全域に広く生息していたカメレオンが、一部の環境の変化による影響を強く受けてしまうとは考えられない。実際、その後の調査では、民家周辺にもタイガーカメレオンが棲んでいた。きっと、生息数の減少に最も大きな影響を与えているのは、外来種のテンレックだろう。カメレオンは枝先でヘビを避けることはできても、地上に落ちればテンレックに捕食されてしまう。さらに、卵を産みに地上付近に降りた時にも危険が伴う。腹を空かせたテンレックは、日中も森の中で餌を探す。最近は島内で、ヘビ類がまったく

光を当てると瞬時に体色を周囲の環境に合わせて擬態させた。全長は最大16cmほど。世界中で、セーシェル国のマヘ島とプララン島、シルエット島にのみ分布する

見られなくなったそうだ。きっとテンレックの仕業だ。島の在来生物に悪影響を与える外来生物は、早急に取り除く必要があるだろう。

タイガーカメレオンは今から3400万年前頃から独自の進化を続けてきたようだ。起源はアフリカと考えられており、祖先種は現在とは異なる東向きの海流に乗ってセーシェル諸島に流れ着いたのだろう。近年の研究では、セーシェルの南方に位置するマダガスカル島のカメレオンもアフリカ起源で、カメレオン科の *Brookesia* 属の祖先種は6500万年前に、*Calumma* 属と *Furcifer* 属の祖先種は4700万年前にアフリカ大陸からマダガスカルに流れ着いたと推測される。タイガーカメレオンの *Archaius* 属はこれらよりも新しい時代に起こった〝アフリカ大陸からセーシェルへのカメレオンの分散〟であり、現在の西向きの海流に変化する以前に起こった、アフリカ発最後の奇跡の旅だったのかもしれない。

セーシェル諸島を訪れ、ようやくカメレオンの姿を確認することができた。次に目指すのは野生のゾウガメ。自然環境の中で、いったいどのような暮らしをしているのだろうか。ボートに乗り込むと、プララン島を後にした。ゾウガメ探しに出発！

第6章

セーシェル編②

楽園に暮らす
巨大なゾウガメたち

セーシェルの存在が西洋諸国に知られるようになったのは、
西暦 1500 年頃のこと。
その後、大航海時代と植民地政策により
島の環境は大きく変えられ、生き物たちが姿を消した。
現在は国土の 50%以上が自然保護区に指定され、
持続可能な経済振興を図る自然保護国家となった。
セーシェルの島々を訪れる観光客は、年間 13 万人以上。
自然を保護するとともに観光としての利用に成功し、
多くの人々を魅了する島となった。

クーザン島へ向かう

荒波の中、ボートは勢いよく海上を進む。波がぶつかる度に強烈な衝撃に襲われ、私の体は何度も宙に浮いた。今日は船出に好ましくない天候である。雨は前日の夜から降っていたが、朝方になって止んだ。そこで私は、すぐにエンジン付きボートを借りて、島民にゾウガメが住む島へ向かってもらった。それにしても海は荒れている。さらに、予想に反して天候は回復せず、再びパラパラと雨が降り出した。しかし、このまま引き返すわけにはいかない。川がない島の生き物にとって、雨は命をつなぐ恵みであり、雨が降る日には生き物たちが活発に動く姿を見ることができる。外洋に出ると波はさらに高くなり、船が波に乗り上げて跳ね上がった。〝このままでは海に放り出されてしまう〟。私は立ち上がると船首につながったロープを強く握りしめ、踏ん張った。足はひざを少し曲げて、クッションを作りバランスをとる。そして、ウェイクボードを行なうかのように、いくつもの波を越える。体は何度も波をかぶり、ずぶ濡れ。手にはいくつもまめができたが、ようやく目的の島に到着し、上陸することができた。

訪れた場所はプララン島の南西に位置するクーザン島。

ジャイアントマブヤトカゲ
Trachylepis wrightii
セーシェル諸島の固有種。全長30cmを超える大型のスキンクで、昆虫から果実、小鳥まで捕食する。一度に5個前後の卵を産む

セーシェルジャイアントヒルヤモリ
Phelsuma sundbergi
昆虫や植物の蜜などを食べ、全長20cmほどに成長する。キュリーズ島とプララント島に生息するセーシェル固有種

島内は荒れた海とは異なり穏やかである。そろそろ天気が回復するのだろう。空はまだどんよりしているが、風は弱くなってきた。小雨の中、ゾウガメ探しを開始する。海辺では、ゾウガメの足跡を確認できなかった。天気が悪い時にわざわざ砂浜に出てくることはないのだろう。ゾウガメたちは、きっと島の内部で過ごしている。クーザン島は無人島であり、自然豊かな環境だ。陸地は木々に覆われていて、ゾウガメが隠れる場所はいくらでもある。しかし、島の大きさは0・28平方キロと、わずか東京ドーム6個分。ゾウガメを発見するのに時間はかからないだろう。

島をめぐると、地面に作られた巣の中に鳥のヒナを見つけた。地上には鳥を捕食する敵が少ないため、地面に巣が作られている。さらに、島のあちらこちらには、セーシェル固有のジャイアントマブヤトカゲの姿が見られる。全長30センチを超える大型のスキンクだ。動きはそれほど機敏ではなく、人の姿を恐れない。また、生息密度が高いことにも驚かされるが、これが生態系のバランスがとれた島本来の姿なのだろう。草木を掻き分けて森の中を歩いていると、遠くからパキッパキッと何やら音が聞こえてきた。音のする方向をじっと見てみると、真っ黒い大きな岩のような物体を発見した。ゾウガメだ！

セーシェルセマルゾウガメ

　森の中で見つけたゾウガメは、甲長1メートルを超える大型のオス。ゾウガメは森の中でひっそりと暮らしているつもりだが、巨体が動けば音が出る。その音を頼りにゾウガメを難なく探し出すことができる。周囲をよく見ると、遠くの茂みにもゾウガメの姿を発見できた。ここはゾウガメの楽園だ。私はじっくり観察しようと駆け寄った。すると、ゾウガメは大きく息を吐き、甲羅に首を引っ込めて動きを止めてしまった。大型のゾウガメでも、警戒心はあるようだ。それでも私の様子を10分ほどじっと見ると、危険がないと感じたのか再び活動を開始した。どうやら餌となる植物を探しているようだ。ゾウガメの成体は1日に5キロ以上の餌を食べることもある。毎日、朝起きたらすぐに餌を食べて木陰で眠る。また小腹がすいたら食べて眠る。そんなのんびりした暮らしをしている。

　クーザン島に生息するゾウガメは、セーシェル諸島に固有のセーシェルセマルゾウガメ。世界最大のゾウガメであり、過去には甲長138センチの個体が記録されている。セーシェル諸島のアルダブラ環礁に生息しているアルダブラゾウガメに似ているが、セーシェルセマルゾウガメは甲羅の幅が広くて高さがあり、頭の幅は広くて扁平とされる。しかし、個体差があるため、外見からこの2種を見分けることは困難である。実はセーシェルセマルゾウガメは1840年頃に絶滅したと考えられていた。しかし、ある研究者がアルダブラゾウガメの中に形態の異なるゾウガメが混在していることに気づき、調査を行なった結果、それらが絶滅したはずのセーシェルセマルゾウガメであることが判明した。

　セーシェルセマルゾウガメはもともとマヘ島を中心にクーザン島にも生息していたと考えられる。しかし、1800年代の植民地時代に乱獲され、絶滅した。島にはココナッツ農園が形成され、家畜が持ち込まれ、島の環境は崩壊してしまった。クーザン島の環境が改善されるようになったのは、1968年に自然保護区に指定された後である。外来起源であるココヤシを切り倒して在来の木が植えられ、さらに外来生物のネコやネズミ類も駆除され、島の動物を捕食する外来生物は存在しなくなった。すると、島には鳥たちが戻り、トカゲたちの個体数も回復した。そして現在、クーザン島には保護プロジェクトによって持ち込まれたセーシェルセマルゾウガメが、幼体を含め50頭ほど生息している。島は本来の自然状態を取り戻しつつある。

セーシェル
セマルゾウガメ
Aldabrachelys gigantea hololissa

世界最大のリクガメで、甲長138cmに達する。セーシェル諸島に広く分布していたと考えられるが、1840年頃にはほぼ絶滅した。現在、再発見されたわずかな個体がクーザン島で暮らしている

セーシェルセマルゾウガメは、甲羅の幅が広く縁甲板（矢印部）は突出していている。オスに顕著であるが、個体差が激しい

毎日、落ち葉や青々とした木の葉を大量に食べ、腹を満たす。細かい毛が生えるような植物は好まず、舌触りが滑らかな葉を好む

アルダブラゾウガメ

マヘ島から1150キロ南西に、アルダブラ環礁が存在する。島々はサンゴ礁の隆起によって形成され、それぞれが繋がった環礁状で、その長さは全長34キロ。陸地総面積は155平方キロと広く、本島のマヘ島ほどの面積だ。ただし、島の環境は単純で、海抜が8メートル以下で山も川もない平らな低地に、森と砂浜が広がっている程度。そんなアルダブラ環礁に、セーシェル固有のアルダブラゾウガメが生息している。現在の個体数は15万頭以上と数多いが、過去には食料として大量に捕獲された歴史がある。捕獲制限を行なうようになったのは、1900年頃になってから。その時には生息数が数百頭にまで激減し、1個体を見つけるのに数日かかったようだ。その後、徐々に個体数は増え、1982年に世界自然遺産に指定されると、島の環境を守るためにアルダブラ環礁への上陸は厳しく制限された。

そんなアルダブラゾウガメたちに出会うことができるのは、キュリーズ島である。プララン島の北西部に位置するこの島には、1978年から1982年の5年間で252個体のゾウガメがアルダブラ環礁から移入され、野外に放された。残念ながら、島内を自由に動き回っていたゾウガメたちの多くは盗まれてしまったが、わずかに残った個体が繁殖し、現在は600頭以上に増えている。アルダブラゾウガメの移入の目的は、観光資源として利用するため。もちろん、自然災害によるアルダブラ環礁の個体群の消滅を想定した、種の保存を兼ねている。ただし、元々生息していなかった環境に人間の都合で生物を移入させることを好ましくないとする研究者は多い。現在も賛否両論あるが、閉鎖された環境でしっかり管理できるのであれば、一部の島とゾウガメを観光資源として利用し、得られたお金を在来生物の保護に当てる方法も必要なのかもしれない。現在、セーシェルの主な産業は観光業で、外貨収入の70%を占めている。

異なる島に連れて来られたゾウガメたちの気持ちはわからないが、ゾウガメは賢い動物で人間に慣れる。そのため、観光客が訪れる賑やかしい環境でも繁殖する。キュリーズ島では、島内を自由に闊歩しているゾウガメたちに近寄り、触れることが可能で、野外繁殖した幼体を見つけることもできる。もちろん、本来なら、アルダブラ環礁のアルダブラゾウガメではなく、過去に自然分布していたセーシェルセマルゾウガメの移入が好ましいが、定着した現状を大きく変えるには、多大な時間と労力を費やすことになる。

**巨大なゾウガメも
森に入ると見つけにくい**

コナッツ農園の跡地で暮らすキュリーズ島のアルダブラゾウガメ。大きな個体も動かなければ見つけにくい

アルダブラゾウガメの雌雄。メスはオスより小型で、頭部も小さく丸みを帯びる

アルダブラゾウガメの形態は様々。丸いドーム型もいれば長細い俵型もいる。食べ物や湿度によって甲羅の形は変わるが、同じ環境で育っても変異がある

キュリーズ島独自の暮らし

　ゾウガメたちの暮らしを垣間見るため、キュリーズ島を散策することにした。興味深いのは、海水が浸る環境にもゾウガメが進出していること。マングローブ林では、地中から突き出た呼吸根を避けるように上手に歩いて餌を探すゾウガメに出会った。鼻を植物の葉に近づけると、匂いをかいで何かを確認し、好みの葉を選んで食べている。私は今まで、ゾウガメは目の前にあるものなら何でも構わず食べてしまう動物かと思っていたが、意外と選り好みをするようだ。もちろん、それは植生が多様で餌が豊かな環境であるからだろう。マングローブ林には海浜動物が数多く生息する。ゾウガメたちは、時にはカニの抜け殻や魚の死肉まで食べることがあるそうだ。

　キュリーズ島で最も高い場所は、島の中央に位置する山頂で、海抜172メートル。

アルダブラゾウガメ
Aldabrachelys gigantea gigantea

アルダブラ環礁とは異なる環境に適応したキュリーズ島のアルダブラゾウガメ。強い日差しを浴びながら浜辺を移動する

島には川があり湿地もある。ゾウガメたちは自由に移動することができるのだが、遠くまで移動することはない。特に大きな個体ほど、お気に入りの木、藪、水場があり、その周辺を住処とする。ゾウガメの多くは低地で暮らすが、中には山の森で暮らしているものもいる。それらは降水量が増える10月頃になると、繁殖のため低地に降りて集まるそうだ。この季節的な移動は、本来の生息地で山がないアルダブラ環礁の個体群とは異なる。また、求愛行動はアルダブラ諸島では降雨と気温差によって引き起こされるが、キュリーズ島では降水量の増加が刺激となって始まる。産卵は、早い個体で1月頃に始まり、ふ化は降水量が増える10月頃に集中する。キュリーズ島のように、赤道に近いセーシェル本島周辺は常夏であり、ゾウガメたちをはじめ、多くの生き物が降雨の変化を刺激として繁殖シーズンを迎えるのである。

ゾウガメの分散の歴史

最近のミトコンドリアDNAによる調査では、セーシェルセマルゾウガメは、アルダブラゾウガメと99・8%以上が一致していて遺伝的に近い。これは、ゾウガメたちが近い時代に拡散したことを意味する。ゾウガメたちはどのような歴史を辿ったのだろうか。その起源と分散の歴史を知るには、セーシェルの島々の地史を紐解かなければならない。

現在の研究では、アルダブラ環礁を含むセーシェル諸島は、もともとアフリカ大陸の一部であったとされる。これらはゴンドワナと呼ばれる超大陸の一部であり、1億2000万年前に大陸移動によって今のマダガスカルやインドと共にアフリカ大陸を離れ、9000万年前にマダガスカルからインドとセーシェルが、6600万年前にインドからセーシェルが離れたと考えられている。

セーシェルの島々が現在の位置に定まったのは、今から1500万年前。セーシェルにゾウガメはまだいないが、この頃には、アフリカ大陸からマダガスカル島にリクガメが渡り、いくつもの種に分化していた。そして、マダガスカル島にゾウガメたちの祖先が誕生したのは1000万年前で、その後、アルダブラ環礁など近隣の島々に渡り独自の進化を遂げたと考えられる。もちろん、ゾウガメたちが積極的に海を泳いで渡ることはない。津波や洪水のような自然災害によって海に流されたものが、運よく流れ着いたのだろう。ゾウガメは海水に浮く。

ゾウガメたちの分散経路

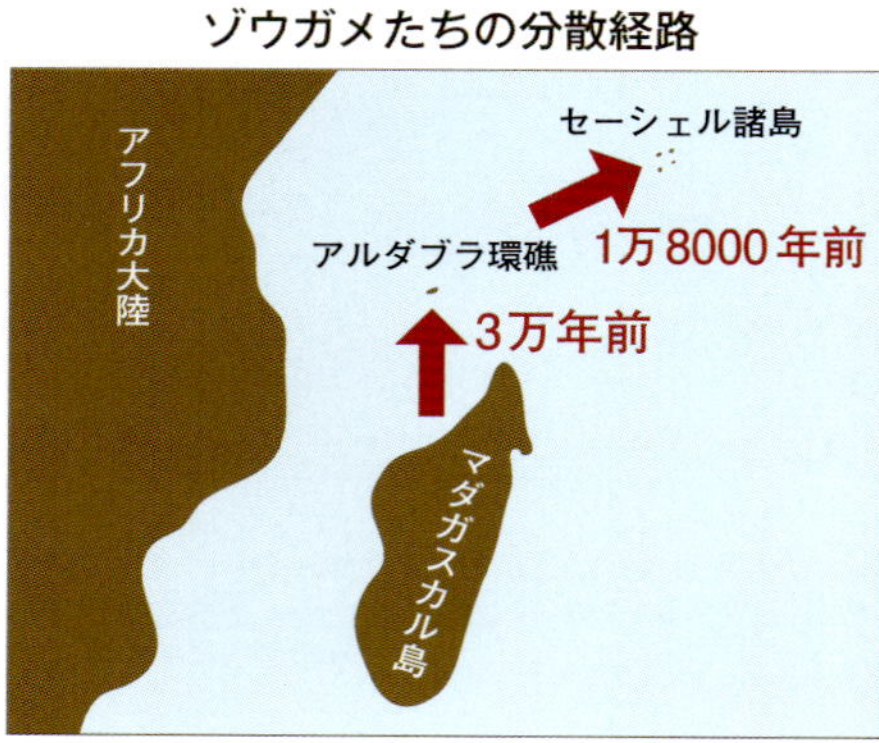

しかし、長い地球の歴史の中では、気候変動により何度も海水準の変化が起きていて、その度に山がないアルダブラ環礁は水没し、そこに棲む生き物たちも姿を消した。最終的に、アルダブラ環礁が現在まで海に沈まず陸地の状態で保たれたのは、今から3万年前になってから。再びマダガスカル島からゾウガメが流れ着き、それらが現在の個体群を形成したのだろう。遅延受精が可能で寿命が長いゾウガメは、1個体のメス成体が流れ着いただけでもどんどん増える。

その後は氷河期によって陸地が拡大し、今から1万8000年前には今よりも海面が120mも低下している。これによりセーシェルの島々は繋がり、巨大な島の塊が南北に1000km以上連なった。海流の流れも変化し、アルダブラ環礁のゾウガメたちは北東の海流に乗って、過去には移動できなかった北東のセーシェルの島々に流れ着いたのだろう。これがアルダブラゾウガメとセーシェルセマルゾウガメが遺伝的に近い理由と考えられる。

後日談

Another Episode : 4

「海を渡って分布を拡大するゾウガメたち。生物進化とそれを脅かす人と動物」

セーシェル共和国

巨大なゾウガメや風変わりなカメレオン。紺碧の海に白浜が広がるセーシェルの島々には、長い歴史の中で独自の進化を遂げた生き物たちが暮らしている。多くの生き物が、奇跡的に島に流れ着き、今に至る。生き物たちは新しい環境に適応し、同時に島の環境が生き物を選択した。生き残りに有利な色や形、行動が命をつなげたのである。滞在中、その進化の歴史を垣間見ようとボートや飛行機で島々を巡ったが、赤道直下で海に囲まれた島々は、湿度が高くて蒸し暑い。きっと、海水浴には最適なのだろう。私は体力を温存するため、海で泳ぐことはない。毎日、島内を汗だくで歩き、生き物の姿を観察した。

島に暮らす生き物は、種類も個体数も島によって大きく異なる。できれば、人が入植する大航海時代の前の環境を見てみたかった。人が多く暮らす島や外来生物が侵入した島では、生き物たちの数が少ない印象を受けた。イヌやネコ、ブタやテンレックなどが持ち込まれてから、島の生態系は悪化している。外来生物とは、意図的・非意図的に持ち込まれた生き物を指す。土着の生き物や渡り鳥のように、自分の意思で移動するものは在来生物とされ、津波や台風など自然の作用で移動したものも同様である。しかし、例えば、山から切り出された丸太が異なる土地に流れ着いた場合、それに付着していた生き物は外来生物として扱い、取り除く対象となる。人為的な作用は、生物の自然分布ではない。外来生物の野外への侵入は、そこで暮らす生き物の進化の道筋を変えてしまうのだ。海を渡るゾウガメは、在来か外来か？　自然の作用で流されて辿り着けば,在来生物として扱われる。しかし、船から逃げた場合は外来生物となる。そんなことを気にしないゾウガメたちは、絶食に耐えながら海に浮いた体を波に任せ、新天地に分布を拡大するだろう。

食べ物と飲み物

暴飲暴食は禁物

・暴飲暴食は禁物

一般的な海外旅行であれば、食文化を楽しむのも旅の醍醐味だろう。しかし、生き物探しに出かける場合は、極力食事は控えよう。私の場合、特に砂漠探索の際には、胃に入れるものをできる限り控えている。暑い日中は、パンの欠片とコーラのみで1週間過ごす場合すらある。食事は夕食に控えめに済ませ、サプリメントを服用し、消化吸収と体力回復に努めることが好ましい。

また、異国の土地では、食べ物や風土に体が慣れるのに最低でも数日間を必要とする。疲れている場合が多いので、食べ過ぎれば消化のために体力が奪われて、結局体調を崩すことになる。食事の前には整腸剤を服用することをおすすめする。

・川の水は飲まない

川の水は飲んではいけない。調理に使う以外、口へ入れることを控えよう。しかし、川の水を飲料用にしている地域も多いため、濁った水もコーヒーやお茶として出されるとわからないことがある。必ず沸騰したお湯であることを確認しよう。

また、使い回しの食器は感染症の恐れがあるため、用意された食器でも明らかに洗っていないものに関しては、自分の手でしっかり洗おう。言い出しにくければ、わざと落とすという方法もある。

・無理に勧められても断る

旅先では、親切な人に多く出会うが、その場の雰囲気に流されず、自己主張もしなければならない。テーブルいっぱいに用意された揚げ物や果物を勧められても、生き物探しに備え体調管理を優先するのなら、気持ちだけ頂いて少量を口にする程度に止めておこう。無理に勧められても、お腹の調子が悪いと言ってきっぱり断る。時には相手の親切心を傷つけてしまう時があるが、自分の意見を通したいのはお互い様。現地の人とは、状況に応じて目的に合った付き合い方をしなければならない。

もちろん、睡眠薬等の混入の恐れもあるため、見知らぬ土地では自分がわかる物を自分の手で用意し、自己責任で口に入れることをおすすめする。

第7章

グアドループ編

カリブ海の東の果てに、不思議なトカゲが存在する。
大きな咽頭垂に健脚な四肢。暗灰色の体に白い頭。
そのトカゲの正体は、アンティルイグアナ。
分布域は狭く、さらに健全な生息地は地球上にわずか数ヵ所のみ。
世界で最も希少なイグアナのひとつであるアンティルイグアナの
野生の暮らしを紹介する。

※咽頭垂（いんとうすい）：喉に垂れ下がっている皮膚

消失寸前の希少生物

アンティルイグアナ

グアドループ

フランスの海外県で、小アンティル諸島の一角をなす島嶼群。総面積は約1,700km。最も大きい島はグアドループ島である

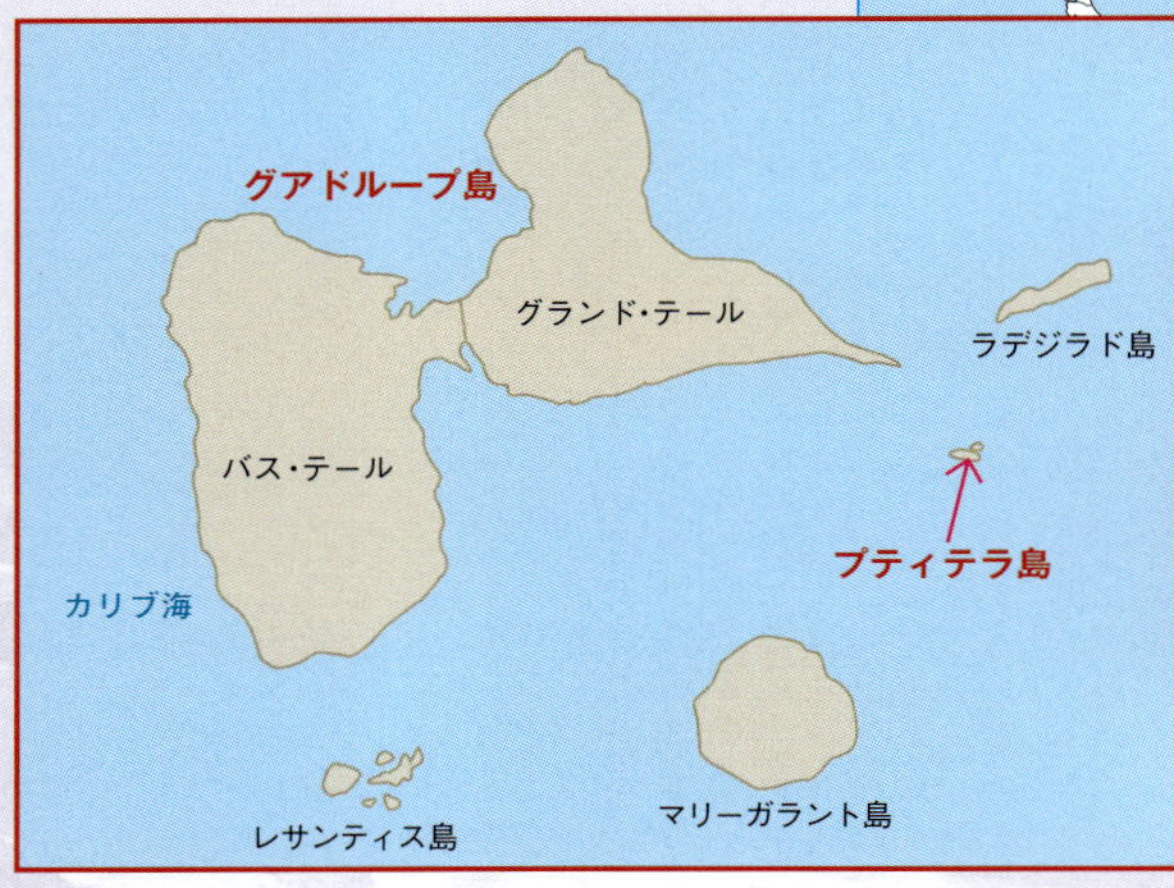

無人島に潜むイグアナ

早朝、港を出航して向かった先は、プティテラ島。グアドループ島の10キロ東に位置する小さな孤島である。島の面積は1.7平方キロで、東西に細く長い形状だ。海抜は最大8メートルほどで、山もなければ川もない。飲み水は雨頼りで、作物が育たない環境のため人は住んでいない。そんな無人島には、1メートルを超えるイグアナが数多く生息しているそうだ。カリブ海の小アンティル諸島にあるイグアナの楽園を目指す。大きな波をいくつも越えると、水平線に島影が出現した。プティテラ島だ。

島に近づくと、船からゴムボートに乗り換え、島に上陸した。真っ青な海に白い砂浜。ここは、ヤシの木が揺れる南の楽園。さわやかな風に朝の日差しが心地よい。足元ではヤドカリたちがせわしなく動いている。そんな砂浜で、ひと筋の痕跡を発見した。筋の両側には足跡が形成されている。その幅は20センチほど。間違いなく大型のトカゲのものだ。しかし、周囲を見渡してもトカゲの姿は見つからない。きっと船の姿に警戒して、藪の中に逃げ込んだのであろう。痕跡の主は、藪の奥深くから私の動きを観察しているはずだ。浜辺が静かになれば、日光浴のためにまた砂浜に出て

アンティルイグアナが暮らすプティテラ島

島名のテラは“陸地”や“世界”を意味する。この小さな世界には、およそ１万頭のアンティルイグアナが生息する。1998 年に自然保護区に指定された

くるだろう。

荷物を担ぎ、島の内部に進む。藪を抜けると、あたり一面に開けた景色が広がった。風が吹きさらす、殺風景な環境だ。私は〝行く手を阻む密林が広がる〟と思っていたのだが、島は腰ほどの高さの低木林で覆われていた。プティテラ島は小さな島で、常に東からの風を受け、土壌は貧弱なため、島の東部には高木が育ちにくい。さらに外洋側から強い波を受けるため、東側から南側にかけては、断崖絶壁。穏やかな北側とは異なる過酷な環境が存在する。日が陰ると、吹きつける風は肌寒い。そんな荒れ地を歩いていると、茂みの中に黒くて大きなトカゲを発見した。アンティルイグアナだ！

風が吹き込む島の東部には、腰の高さほどの低木が広がる。性成熟に達した大型のアンティルイグアナが好む環境である

高木が生える場所には若いアンティルイグアナが集まる

アンティルイグアナの特徴

アンティルイグアナ（*Iguana delicatissima*）が記載されたのは、1768年のこと。オーストリアの動物学者であるローレンティーによって紹介され、世界に知られるようになった。アンティルイグアナの種小名*delicatissima*は〝風変わりな〟という意味である。1758年にリンネによって記載されたグリーンイグアナ（*Iguana iguana*）に似ているが、何かが異なるという最初の印象からその名が付けられたのであろう。現在、イグアナ属にはこれら2種のみが存在する。

アンティルイグアナの雌雄差は、外部形態において小さい。頭部は雌雄ともに白く、体色も暗色であるため、たとえ性成熟した雌雄であってもその判別は難しい。オスの背部のクレストは、メスよりもわずかに発達する程度。もちろん、オスの大腿部には大型の鱗が存在するので、捕獲すれば容易に性別を判断することができるが、目の前を横切るイグアナの雌雄を瞬時に言い当てることは困難である。

アンティルイグアナは、小アンティル諸島北部のリーワード諸島の約300キロの範囲に分布し、島によって大きさに違いがあるとされる。一般的に全長140センチで体重3・

アンティルイグアナ
Iguana delicatissima
アンティルイグアナのオス。性成熟に達した個体の体色は暗灰色である。縄張りを持ち、侵入者に対し咽頭垂を広げて威嚇する

4キロ程度と紹介されるが、プティテラ島の個体群はそれよりも小型で、最大でも全長120センチほど。オスの頭胴長は平均35センチ程度で、体重は2.4キロ程度である。メスはオスよりもわずかに小さいが、持ち腹個体はオスよりも体重が勝る。プティテラ島個体群の小型化の理由が、遺伝的なものなのか餌量の違いによるものなのか定かではないが、この地域差は亜種に分けらない程度と考えられている。

樹上で暮らす持ち腹の若いメス。日当たりと水はけが良い地中に産卵する

限られた生息地で懸命に暮らす

プティテラ島では、性成熟に達したアンティルイグアナを低木の藪陰で見かける。オスの近くには、たいてい、少し小柄な個体が寄り添っている。きっとメスだ。あたりをよく探すと、他にもつがいで暮らすアンティルイグアナの姿を目にした。まるで営巣中の海鳥のようだ。地上で暮らす大型個体の体色は、どれも木陰と同じ黒色。この体色はカムフラージュの役割を果たし、さらに体温を高めるためにも都合が良い。島の天気は変わりやすく、晴天から一転雨や曇りに変わることもある。日が陰れば日中でも気温は24℃程度。体は冷めやすい。そのため、高木が茂り日差しが入り込まない環境よりも、低木の荒れ地を好む傾向がある。

アンティルイグアナの繁殖は、降雨が増える3月以降に集中する。繁殖期には、雌雄ともに頬がうっすらと桃色に染まる。メスは木の根元や岩の間に溜まった土を掘り、地中に産卵する。産卵場所には砂質よりも土質を好む傾向があるため、オスはそんな産卵に適した環境を縄張りとする。産卵数は一度に10個ほどで、3ヵ月後にふ化するとされる。

若い個体の体色は緑色。成長するに従い灰色に変化し、さらに黒化する

幼体の形態はグリーンイグアナに似るが、尾には黒い縞模様がなく黒褐色である。若い個体は、低木よりも高木を好み樹上生活を送る。性成熟は3年ほど。しかし、地上で自分の縄張りを確保できるのは、5年以上が経過した大型個体である印象だ。若い個体はすぐに追い払われてしまい、樹上生活を余儀なくされる。そのため、樹上にはまだ緑色が抜けない体色の個体を多く見かける。もちろん、樹上暮らしの雌雄も繁殖する。一般的に〝本種は樹上棲〟と紹介されるが、実際には地上生活を好む種なのである。ただし、

幼体は樹上で暮らし、地上に降りることはほとんどない。性成熟は２～３年だが、立派な風貌になるにはオスで５年ほどを要する。グリーンイグアナと異なり、尾に横縞はない。幼体の体色は緑色で木々に紛れるため、見つけることが難しい

闘争を繰り広げるオス。体を大きく動かし、相手に力を見せつける

浜辺に育つハマミズナなど、多肉質で水分を多く含む植物を好む。採餌は主に午前中に行なうが、空が曇ると藪に戻り外に出ることはない

餌が少ない環境では、成体も木に登り植物を食す。そんな時は、やはり若手が場所を譲る。上下関係がしっかりしたトカゲである。

プティテラ島には53種の被子植物が存在し、アンティルイグアナは棘や毛のある植物を除き、どの種も食べる。特に多肉の葉を好むため、それらが生える砂浜では大型の個体が餌場を占有し、その姿が消えると時間差で小型の個体が現れる。幼体の食性に関する詳細は不明だが、島には昆虫が少ないため、植物質を中心とした食性であると考えられる。

消失するアンティルイグアナ

小アンティル諸島の形成が始まったのは、今から2500万年前と推定されている。そして、アンティルイグアナの祖先種が南アメリカから渡ってきたのは、400万年ほど前と考えられている。祖先種は、中南米に現存しているグリーンイグアナの祖先でもある。きっと南米ガイアナ周辺の個体がハリケーンによって海に流され、木々にしがみ付きながら新天地にたどり着いたのだろう。そして、長期にわたる隔離状態により、独自の進化を遂げてアンティルイグアナに分化した。その後、小アンティル諸島の各地に拡散し、現在の分布域に至ったのだろう。

氷河期による海水準の変動では、隣り合った島々が繋がり、生き物が移動した。アンティルイグアナは泳力もあるので、泳いで島を渡ることもあっただろう。例えば、グアドループ島とプティテラ島の間は、水深20メートルほど。氷河期に水面が下がれば陸続きになるし、数十メートルの距離であれば泳ぐことも流されて漂着することも容易である。生き物は餌を求めて移動するし、意思に反して流されてしまうこともある。

気になるのは、人為的に持ち込まれたグリーンイグアナ。アンティルイグアナに最も近縁な種であり、ミトコンドリアDNAの比較では1・8パーセントほどの差異が認められる。この差異は〝亜種〟程度の分化であるが、外部形態の違いから別種とされている。DNA配列の変異が蓄積するには時間がかかるので、もっと長い間隔離されていれば、両種の違いも大きくなるだろう。

しかし近年、アンティルイグアナとグリーンイグアナの中間の特徴を持つ個体が、プティテラ島の近隣で確認された。アンティルイグアナの生息地に、グリーンイグアナが持ち込まれ、交雑したのだ。さらに、誕生した交雑個体は互いに繁殖し、純粋なアンティルイグアナとの間でも次々に子孫を残し、分布を広げているという。通常、種間の生殖的隔離が完全であれば、異なる集団が再び混生しても交雑することはなく、たとえ交雑しても不稔となり子孫を残すことができないのだが、どうやらアンティルイグアナとグリーンイグアナでは、生殖的な隔離が十分に進んでいないようだ。

この現象は「遺伝子汚染」と呼ばれ、このままでは交雑により純血種がいなくなることを意味する。遺伝子汚染がどの程度まで進行しているのか調査し、早急に対策をしなければ、アンティルイグアナはいずれ地球上から消失してしまうだろう。

純粋なアンティルイグアナは
地球上から消えようとしている

グリーンイグアナとの交雑

グアドループ島においても外来種であるグリーンイグアナが移入され、その交雑が確認されているという。早速、島内を探索すると、沿岸部で数多くのグリーンイグアナを見つけることができた。1時間もあれば20個体と出会うことができる。グアドループでは野生動物の捕獲や販売が禁止されていて、外来種のグリーンイグアナも保護の対象にされている。イグアナたちにとっては、まさに楽園なのだ。しかしながら、いくら探しても在来種のアンティルイグアナの姿は見られない。外来種グリーンイグアナは大型なので、アンティルイグアナは競合に負けて排除されたのだろうか。

出会うイグアナは、どれもグリーンイグアナに見えるが、よく見ると中には形態的に少し異なるものがいる。一般的にグリーンイグアナは、雌雄ともに頬に大型鱗が1対あるのが特徴である。一方、アンティルイグアナに大型鱗はなく、顎から頬にかけて中型の鱗が片側に8個ほど並び、その鱗は押し込められたかのように接していて歪んでいる。そして、グアドループ島で見かけるグリーンイグアナを観察すると、たしかに大型鱗を持つものが多いが、中には大型鱗がなく、頬から顎にかけて中型鱗よりもひと回り大きな半月状の鱗がいくつも存在する個体も見かける。まるで両種の特徴を足して割ったような形状だ。また、咽頭垂前方の棘状鱗も異なるようだ。通常、グリーンイグアナでは棘状鱗が10枚以上存在し、アンティルイグアナでは6枚程度と数が少ない。しかしグアドループ島の集団を観察すると、鱗の数がグリーンイグアナよりも少ないものがいた。どうやらこれが交雑個体と思われる。交雑個体の見た目はほぼグリーンイグアナに近いようだ。

通常、異なる種を掛け合わせると、両種の特徴が形態に現れる。しかし、世代を重ねることで、生存や求愛の競争に有利な形質が残り、不利なものは消えてしまう。興味深いことに、現在のグアドループでは、アンティルイグアナに似た交雑個体は確認できない。グリーンイグアナのオスは大型であり、自分の遺伝子を残すのに都合がよく、さらに交雑個体の中でも、グリーンイグアナに似た大型個体が繁殖に有利だったのだろうか。小型であるアンティルイグアナの特徴は生存競争の中で不利であり、混入した遺伝子の多くを子孫に残すことができなかったのかもしれない。どちらにせよ、遺伝子が混ざることは、純粋な種がいなくなることを意味する。異なる種の交雑は、結局、両種を消滅させてしまうのである。

アンティルイグアナとグリーンイグアナ

交雑個体たち

交雑個体はアンティルイグアナともグリーンイグアナとも交雑し、
交雑個体同士でも繁殖すると考えられている

広がる遺伝子汚染

アンティルイグアナは、今後地球上から姿を消す可能性が高い希少野生動物のひとつである。例えば、分布の北限であるアンギラ島では、1999年に50頭ほどが生息していると推測されているだけであり、同じ時期に島内で既にグリーンイグアナの定着が確認されている。また、分布の南限のマルティニーク島では、1970年代にレサンティス島からグリーンイグアナが移入され遺伝子汚染が進行している。その他、セントマーティン島では、交雑個体のみが存在し、2000年以降純粋なアンティルイグアナは確認されていない。また、サンバルテルミー島でも2007年に交雑個体が見つかっており、これはセントマーティン島に定着したグリーンイグアナが人為的に持ち込まれた結果だと考えられている。幸いにもセントユースターシャス島にはグリーンイグアナの侵入は確認されていないが、アンティルイグアナの生存数は数百個体程度と推定されており、この状態は集団を維持するには数が少なすぎる。

グアドループ島の現状も危機的である。現在、グリーンイグアナの侵入により、純粋なアンティルイグアナの集団は消失したと考えられる。このような結果に陥った原因は、遺伝子汚染を深刻に捉えていなかったことにあるだろう。しかしながら、生物の分布の歴史が明らかにされていなかったことも原因である。グアドループ島の南方に位置するレサンティス島には半世紀以前からグリーンイグアナが生息しており、在来種として扱われている。そのため、グリーンイグアナが保護の対象とされているので、捕獲したり殺したりすることができない。このことが、本種の拡散を引き起こし、遺伝子汚染を広げることにつながった。グアドループ島に移入されたグリーンイグアナも捕獲できない状態で、それどころかレサンティス島からは違法なグリーンイグアナの持ち込みが続いている。

グリーンイグアナがレサンティス島からグアドループ島に数多く移入されたのは、ここ20年間のこと。大型船による往来が開始された頃と同時期であり、人為的な移動による拡散であることは明らかである。イグアナたちの性成熟は2～3年で、野生寿命は15年以下。世代交代を10年ほどと考えれば、あっという間に遺伝子浸透が進み、個体の入れ替えが起こってしまったのだろう。

グリーンイグアナのさらなる拡散は、今後も危惧される問題である。本島の南方に位置するマリーガラント島、東方に位置するラデジラド島ではアンティルイグアナが確認

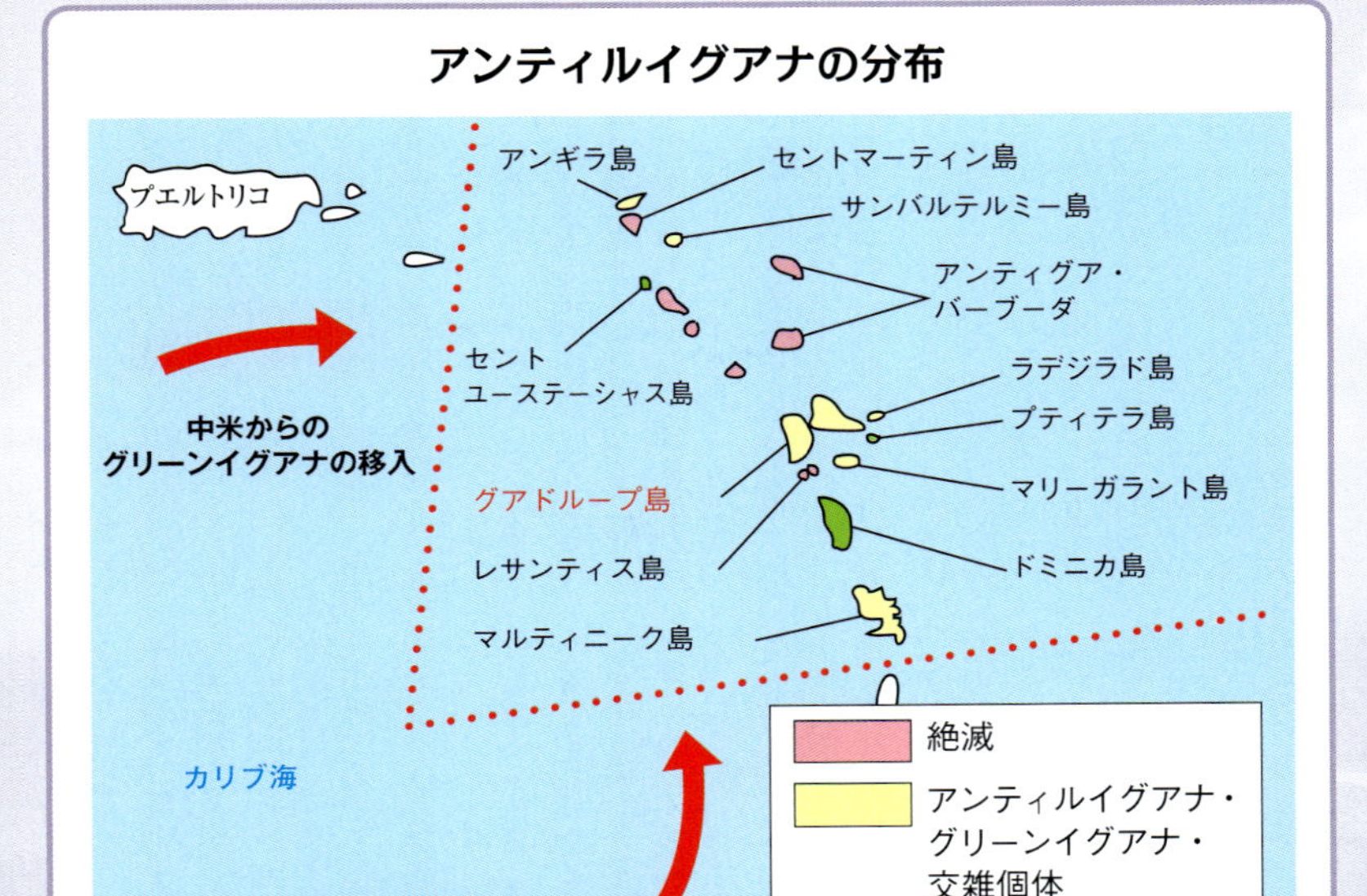

現在、純血のアンティルイグアナが生息している場所は、プティテラ島、ドミニカ島、セントユーステーシャス島のみ

されているが、近年グリーンイグアナが目撃されるようになった。この原因が人為的な移動によるか否かは不明であり、ハリケーンによって周辺の島々から流された個体がたどり着いた可能性もある。今後、プティテラ島やドミニカ島に残る純粋な集団に、グリーンイグアナや交雑個体が進入する機会はいくらでもある。これが、アンティルイグアナが地球上から消失する可能性が高い理由なのである。

世界には、遺伝子汚染による種の消滅が危惧される生物が多々存在する。混棲する2種が在来種なのか外来種なのか区別することが難しい場合があるが、交雑が確認された地域では、移入と推測される種と交雑個体を取り除く必要がある。今後カリブ地域では、グリーンイグアナのみならず交雑個体も潜在的な脅威とみなし、早急に防除する必要があるだろう。これはカリブ地域の問題だけではない。今後、交雑個体が大陸側に進入した場合、中米から南米にかけて分布するグリーンイグアナ集団にも影響が出る。現存するイグアナ属2種が地球上から消え、種として認められない〝交雑イグアナ〟だけが存在する世界になる可能性があるのだ。

固有種から一転して外来生物へ

グアドループ島には、アライグマが生息している。かつては独立種グアドループアライグマとして扱われ、島に固有の種で希少な存在のために生物保全のシンボルとされたほどだ。アライグマは島で最大の哺乳類であり、その可愛らしい風貌から手厚く保護された。しかし近年、DNAがアメリカ大陸のアライグマと一致することが報告されると、外来生物として見なされるようになってしまい、今ではアライグマは白い目で見られている。人の気持ちは大きく変わるものだ。グアドループのアライグマが本当に外来起源であっても、アライグマに罪はなく、持ち込んだ人間が悪いのである。それに、〝外来起源の可能性がある〟という報告があるだけで、確定したわけではない。そもそも、一部の個体の一部のDNA配列を比較しただけである。

地元ハンターたちの情報によると、グアドループ島東部のグランテール地域のアライグマは大型であるが、西部のバステール地域のものは小型で赤みを帯びているそうだ。彼らの情報を信じるのであれば、グアドループ島には2種類のアライグマがいることになる。在来種なのか外来種なのか、または両方が生息して交雑しているのか。いずれにしても、今後さらなる研究が求められる。

現在もグアドループではアライグマを保護対象として扱っているため、例え外来起源であっても自由に捕獲したり殺したりすることはできない。判断を間違えればひとつの種を消滅させてしまうことになる。そのため、保護か駆除か慎重に見極める必要があるが、遺伝子汚染の可能性がある場合は、早急に対処するべきであろう。

固有種のグアドループアライグマ（*Procyon minor*）。島には100年前から存在する。外来起源のアライグマ（*Procyon lotor*）と同種、または固有亜種（*Procyon lotor minor*）として扱われることもある

Another Episode：5

グアドループ

イグアナが消える!? 忍び寄る危機。遺伝子汚染と種の消失

世界で最も希少なイグアナの一つである、アンティルイグアナ。一般的に、希少な生き物ほど手厚く保護されている。そのため、容易にその姿を見ることができると思っていた。しかし、〝いる〟とされている場所で出会うことはできず、ようやくその姿を確認できたのは、小さな離島であった。

グアドループは、いくつかの島で構成されたフランスの海外領土である。フランスは野生生物の保全や動物愛護の精神が高く、遠く離れたカリブ海のグアドループでも、生き物たちが手厚く守られている。在来生物であるアンティルイグアナは、保護されており、傷つけたり殺したりすることは違法。問題は、グアドループに生息するグリーンイグアナ。本種も在来生物とされ、保護の対象とされている。しかし、両種が混生する場所では交雑が進行しており、両種の中間的な交雑個体が存在する。異なる種が交雑することは、種の消失を意味する。

近年、グリーンイグアナは古い時代に移入された外来生物と考えられるようになったが、その証拠がない。そのため、遺伝子汚染を防ぐ対策が遅れている。

過去に人間の移動に伴い、様々な生き物が移動した。東アジアに広く分布しているクサガメは、日本では外来生物として扱われるようになった。過去に中国産が大量に国内に持ち込まれて販売され、遺棄されたものや逃げ出したものが野外に入り込んだことは確かだ。しかし、日本に生息しているクサガメの全てが外来由来かどうかは、誰にもわからない。問題は、日本の固有種であるニホンイシガメとの交雑による遺伝子汚染。保護か防除か。消された命は元に戻らないため、慎重に動くべきだが、のんびりしていては、日本から両種が消えてしまう。私たちに今できることは、交雑が確認された地域において、クサガメと交雑個体を取り除くこと。失われた遺伝子は、二度と取り戻せない。

第8章

ニュージーランド編

生きた化石 ギュンタームカシトカゲ

穏やかな海を渡り、小さな島にやって来た。
断崖には海鳥が舞い、島肌を隠すように木々が覆う。
この島には、２億年前から姿が変わらない生きた化石、
ムカシトカゲの仲間が生息するという。
絶滅の恐れのあるムカシトカゲを移入し、
繁殖を試みているのだ。
世界で最も希少な爬虫類のひとつ、
ギュンタームカシトカゲの姿に迫る。

ムカシトカゲが棲む島

南半球オセアニアの南東に位置する島国、ニュージーランド。国土はクック海峡を挟んで北島と南島によって構成される。ムカシトカゲの仲間はかつてはニュージーランドに広く分布していたが、先住民と外来生物の到来とともに姿を消し、1769年にヨーロッパ人が入植を開始した頃には、既に稀少な存在となっていた。その後、ニュージーランド本土では絶滅し、現在は小さな離島35ヵ所に生息するのみとなった。

ムカシトカゲ類の現存種は、わずか2種。1842年に記載されたムカシトカゲ（*Sphenodon punctatus*）と、1877年に記載されたギュンタームカシトカゲ（*Sphenodon guntheri*）である。特にギュンタームカシトカゲにおいては、クック海峡にあるノースブラザー島にのみ約400個体が生息しているだけであった。過去に本種がどの範囲にまで分布していたのかは不明だが、存在する個体群がノースブラザー島だけであると、環境の変化や外来生物の侵入などの影響で、絶滅する恐れがある。そのため、一部の個体が2つの島に人為的に持ち込まれ、繁殖が試みられるようになった。

ムカシトカゲは“トカゲ”ではない

ムカシトカゲ目は、カメやヘビ、トカゲなどと並ぶ一大グループ。2億年前から姿が変わらないため、「生きた化石」とも呼ばれる。しかし、現存するのはわずか1属2種のみであり、ニュージーランドの離島にしか生息していない。

爬虫綱（爬虫類）
- カメ目
- 有鱗目（トカゲ亜目、ヘビ亜目、ミミズトカゲ亜目）
- ワニ目
- **ムカシトカゲ目**
  - ムカシトカゲ（*Sphenodon punctatus*）
  - ギュンタームカシトカゲ（*Sphenodon gunteri*）

私が訪れた島は、そんな島のひとつであるマティウサムズ島。本来の生息地から35キロ離れた小島で、面積は0・249平方キロで東京ドーム5・3個分。この島には、1998年にギュンタームカシトカゲの成体20個体と幼体34個体が放されている。しかし、その後の経過は詳しく報告されていない。島内で健全に生育できているのだろうか。そんな様子を自分の目で見たくなった私は、遥々ニュージーランドまでやって来たのである。

島に上陸後、私はすぐに探索を開始する予定だったが、管理官に誘導されて小屋に入ることになった。そして、島の保全と外来生物についての説明を受けた。どうやら、私が思っていた以上に島の環境を守る意識が高いようだ。この島には、許可なく生物を持ち込むことが禁止されている。それは靴や鞄に紛れ込んだ植物の種も含まれ、入島するすべての人の荷物を調べ、靴の裏までブラシで掃除するほどである。外来生物に対し、とても神経質になっているようだ。船が接岸できる場所も時間も限られており、島の近くで許可なく停泊することもできない。その理由は、外来生物のネズミ類の侵入を防ぐため。島にはネズミ用の罠が240個も設置してあり、その甲斐もあって、現在はネズミフリーの状態が維持されている。

餌と天敵

島の概要を学び、検査を終えると、ようやく探索が許可された。周囲の木々からは、上陸前から賑やかしいセミの鳴き声が耳に届いていた。海鳥たちの声も響く。どうやら、島には餌資源が豊富にあるようだ。ムカシトカゲたちは、動くものには何でも咬みつく習性があり、口に入る大きさのものであれば何でも捕食する。セミの場合は、羽化のために地上に現れた幼虫や、寿命が尽きた成虫が餌となる。また、鳥類はふ化後の雛が襲われる。ギュンタームカシトカゲたちは、安全で餌が豊富なこの土地で、何ら不自由することなく暮らしていることだろう。足元には、スキンクの姿も数多くみられる。本土では絶滅に瀕しているマダラフトスベトカゲだ。胎生のトカゲ類で繁殖力が強いのだが、外来生物のネコやネズミに捕食された結果、各地で姿を消した。一方、マティウサムズ島では、わずかに残っていたものが徐々に増え、今では至る所で姿を見ることができる状態にまで回復した。島にはその他にも全長20チセン以下の小型種であるニュージーランドフトスベトカゲなども生息している。これらは穏やかな日差しが注ぐ森林周辺に生息していて、危険が迫ると草むらや落ち葉溜りの中に隠れるの

餌となる生き物

虫や小型のトカゲ、鳥の雛などがギュンタームカシトカゲの餌となる

ニュージーランドフトスベトカゲ
Oligosoma polychroma

ニュージーランドで最も数多く見られるフトスベトカゲの仲間。低地から標高1700mまで生息する。夏に幼体を5匹ほど産む

マダラフトスベトカゲ
Oligosoma lineoocellatum

全長20cmほど。かつては本土の北島の低地に広く分布していた。現在は北島と周辺の離島の20地域で生息が確認されている

雛は餌、親は天敵

海鳥の雛はムカシトカゲ類の餌となるが、親鳥は天敵となる。ミナミオオセグロカモメ（*Larus dominicanus*）は大型で翼を広げると1m40cmほど。攻撃的で家畜を襲うこともある

だが、動きは速くはなく、小型のトカゲたちもムカシトカゲ類の餌となっているのである。

探索開始から3時間が経過したが、ギュンタームムカシトカゲはまったく姿を現さない。小さな島で全長50チセンほどの生物を探すことは、それほど難しくはない。本種が島に放されてから、既に18年以上が経過しているので、個体数が増えている可能性はある。しかし、ムカシトカゲ類の産卵は数年間隔で、産卵数は一度に10個前後と少ない。ギュン

時の流れがゆるやかなムカシトカゲ

他の爬虫類に比べてゆっくりと産卵、ふ化、成長する。繁殖サイクルが遅いので、爆発的な増殖が望めない

ふ化まで	450日
大人になるまで	20年
寿命	100年以上
脱皮	1年に1回
産卵	数年に1回

タームカシトカゲの場合は、9年間に一度だけ産卵するの報告もある。毎年産卵する私たちの身近なトカゲたちとは、大きく異なるようだ。さらに、ふ化には450日ほどを要し、幼体が性成熟に達するまで20年ほどかかるという。これだけ繁殖サイクルが遅いのであれば、爆発的な増殖は望めない。もしかしたら、今も個体数はほとんど変わらないのかもしれない。寿命は長くて100年以上。ムカシトカゲ類の時間の流れは、爬虫類の中でも特殊なのである。

この島に、一体何匹のギュンタームムカシトカゲが暮らしているのだろうか。管理官に尋ねてみると、「現在の個体数は不明」と意外な答えが返ってきた。住み込みで管理しているのだから、わからないはずはないと思うのだが。自然繁殖については、2010年に1個体の幼体が確認されているとのこと。やはり簡単に個体数は増えないようだ。それどころか、島内では、過去に放された幼体が海鳥に持ち去られる瞬間が目撃されていた。敵は外来生物だけではなく、在来生物の中にもいたのである。野生状態では〝食う食われる〟の生存競争が存在し、全長50チセンの爬虫類にも、特に幼体の時期という弱点があったのだ。ムカシトカゲ類の成体は、海鳥の雛を食べる。しかし、海鳥の成体はムカシトカゲ類を食べるのである。

晴れた日にしか出会えない

島を1周回って気づいたことは、少なからずギュンタームカシトカゲが生息していること。斜面にはいくつか巣穴があった。海鳥のものである可能性はあるが、巣穴の出入り口に尾を引きずった跡を確認した。爪跡らしきものも残っていた。巣穴が島の西側に集中して存在することも、ムカシトカゲ類の住処の特徴。通常爬虫類は、日の出とともに日光浴をはじめ、体温を上げて代謝を高める傾向がある。そのため、朝日が当たる東側に好んで巣穴を形成する。しかし、ムカシトカゲ類は、主に日没後に活動する。そのため、日照時間が長くて日没後も暖かい西側を好むのである。東側では午後には島影になり、すぐに気温が下がってしまうので活動に適さない。このような性質は、冷涼なニュージーランドの環境に適応した結果なのであろう。もちろん、日当たりの良い南側にも生息していると思うが、巣穴はほとんど見つからない。もしかしたら、日差しが強過ぎるのかもしれない。ムカシトカゲ類は爬虫類なので、体温は外気温に左右される。しかし、体温が28℃を超える環境では調子を崩して死んでしまう。日当たりは重要だが、日差しが強く当たらなくて適度に体温を維持できる場所に巣穴が形成されるようだ。

そんな巣穴の前で、ギュンタームカシトカゲを待つ。痕跡から巣穴の中には潜んでいるはずだ。しかし、3日が過ぎたが、出てくる様子はない。天気はずっと曇りで、最高気温は17℃ほど。低気圧が来ていたので、私の気分も浮かない。しかし、チャンスは急に訪れた。上空から雲が消え、空は快晴。気温は21℃にまで上昇した。このような天気の変化は、多くの生き物たちの刺激になる。しかし、相手は高温を嫌うムカシトカゲの仲間。期待とは逆に残念な気持ちになったが、静かに巣穴に近づいてみると、なんとギュンタームカシトカゲが巣穴から顔を出していた！

ギュンタームカシトカゲ
Sphenodon guntheri

巣穴から出てきたギュンタームカシトカゲ。
適度な気温になると餌を求めて姿を現す

ムカシトカゲの暮らし

私が長い間待っていたにも関わらず、ギュンタームカシトカゲはいつもと何ら変わらない暮らしを送っている様子だ。せっかちな私とは、時間の流れが異なるのだろう。初めて見る野生の姿に感動し見入ってしまったが、生態写真を撮らなければ雰囲気を伝えることはできない。慎重に近づきながら撮影を試みた。ギュンタームカシトカゲは私の姿に気づいているが、逃げる気配はない。警戒心が弱いのだろうか。顔は丸みを帯びていて、穏やかで優しそうだ。まるで、「天気がいいので、ちょっと顔を出してみたよ」と言っているかのようだ。もちろん、巣穴から出て来る目的は、餌を捕るため。天気が悪ければ、餌となる昆虫もトカゲたちも姿を現さない。ムカシトカゲ類は、巣穴の中でじっとしていて、お腹がすいたら餌を食べるために外に出てくるようだ。ただし、代謝が低い彼らは、毎日のように餌を食べるのではない。飼育個体では、1～2週間に一度餌を与える程度である。気温が低ければ、さらに食間は長くなる。適温は、21～22℃ぐらいだろう。気温が低すぎると不活発になり、

薄暗い体色は周囲の環境に溶け込み、カムフラージュの役割を果たす

巣穴の中に潜むギュンタームカシトカゲ。地下30cm程度の深さに最大5ｍほどの細くて長い穴を掘る

自然繁殖と思われる若い個体。全長40cmほどで性成熟に達する。ニュージーランド政府によって保護されており、殺したり許可なく飼育したり販売することはできない

10℃以下ではほとんど姿を現さない。そのため、冬季には日没後よりも日中に活動するようになり、晴れた日には日光浴をして体温を上げる姿が見られるようになる。夏は涼しい夜間に活動して、冬は暖かい昼間に活動する。そんな傾向はあるが、やはり気温が活動時間を左右するのだろう。ちなみに夜間は、主に夜行性のカマドウマ類が餌となるため、島には数多く放されたそうだ。

原始的な体のつくり

ムカシトカゲは他の爬虫類には見られない原始的な体のつくりをしている。

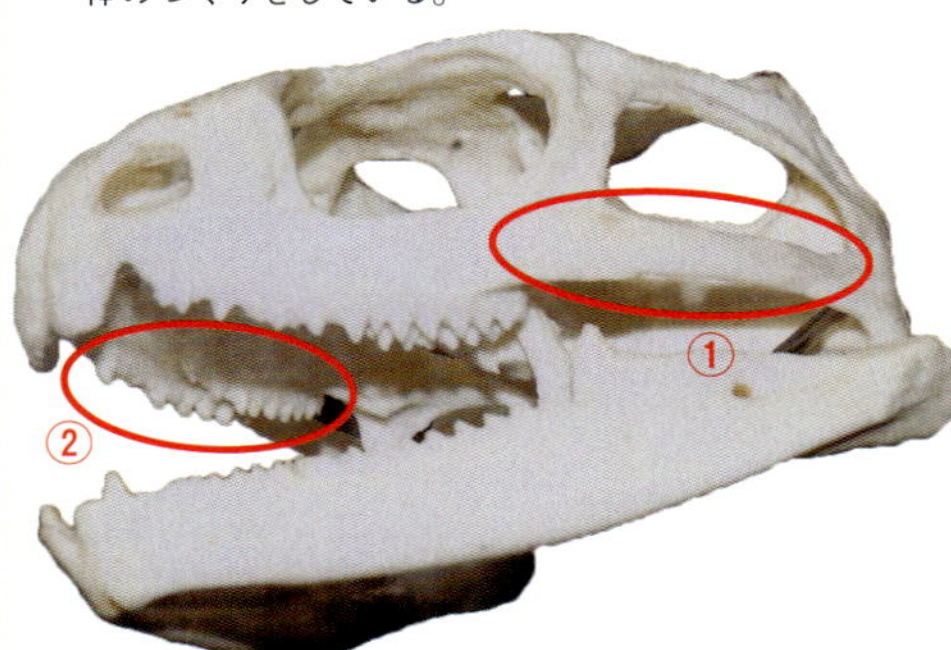

- 頭骨側面に下側頭窓がある（写真①）
- 上顎に２列の歯があり、生え変わらない（写真②）
- 肋骨に鉤状の突起がある
- オスに交尾器がない

巣穴の前でギュンタームカシトカゲをじっと観察するが、まったく動かない。餌をとる瞬間を見たいが、巣穴周辺にそれらしき生き物は近づいていない。だからといって、ギュンタームカシトカゲは周囲を歩いて積極的に餌を探すことはしない。日中は外敵に見つかり襲われる可能性が高いためだ。そのため、巣穴前で待ち伏せて獲物を狙う。じっとして動かない姿は、まるで置物のようだ。

探索を続けると、他の巣穴にもギュンタームカシトカゲの姿があった。やはり、今日は活動に適した日のようだ。どの個体もお腹がすいているようで、巣穴の前で枝を揺らすと獲物だと思って飛び出してくる。神経質のように見えて、意外と貪欲である。もちろん、危険を察知すると逃げるのだが、その姿はまるで両生類のサンショウウオのように〝くの字〟に大きく体を曲げながら、左右に振ってぎこちなく動く。全力を出せばある程度の速さで移動することができるようだが、誰にでも簡単に捕まえることができることは確かである。イヌやネコに簡単に捕えられてしまうのは明らかだ。地球上で数百匹しか存在しないギュンタームカシトカゲは、人類が守るべき遺産である。人が入植する以前の環境に戻りつつあるマティウサムズ島で、今後も力強く生き、数多く繁殖してもらいたい。

ムカシトカゲと地球温暖化

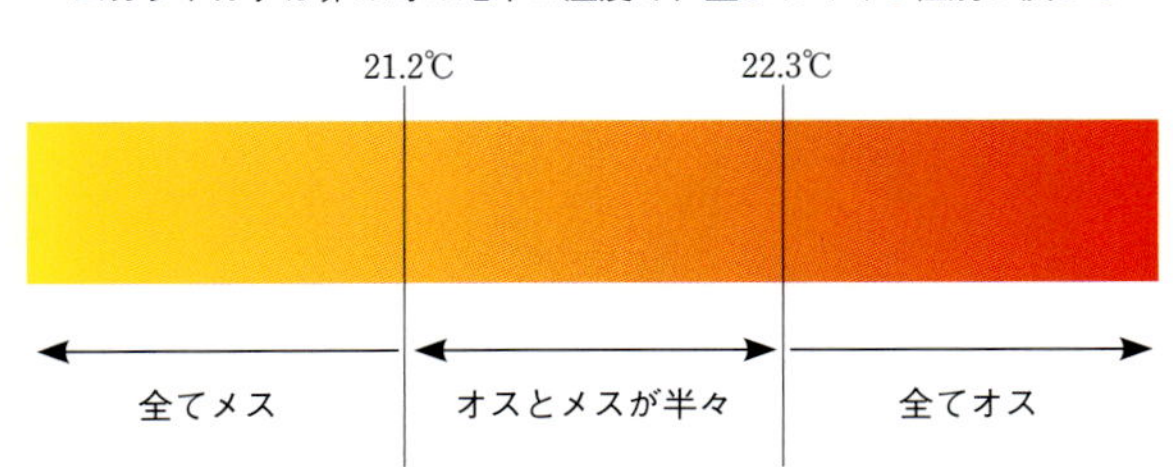

最近、ムカシトカゲに関する興味深い報告があった。地球温暖化の影響を受け、今のままでは再び絶滅の道に逆戻りするとのことであった。地球上の気温が高くなれば両極の氷が解ける。そして、海水準が高くなると離島のムカシトカゲたちは生息範囲が狭まり、島が沈めばその集団も消えてしまう。誰でも思いつくことだが、それほど深刻にとらえられていない。本当に島が沈んだ時になって、多くの人々は現状を理解するのだろう。しかし、島が沈まなくても、ムカシトカゲは姿を消してしまうようで、その兆しが既に現れているという。最近の研究では、ギュンタームカシトカゲが棲むノースブラザー島の個体は、オスの数が多く、メスは1／3程度しかいないことが判明した。そして、その原因が温暖化の影響である可能性が示唆されたのだ。ニュージーランドのトカゲ類の多くは、繁殖様式を胎生にすることで寒い環境に適応したが、ムカシトカゲは卵生。そして、ムカシトカゲには性染色体はなく、性の決定は環境の温度によって決まる温度依存型なのである。地中の温度が21・2℃より低ければ全てメスになり、22・3℃以上では全てオスになる。その中間の温度であればオスとメスが同数程度になる。わずか1℃の差で雌雄の数が大きく変わってしまうのだ。そのため、温暖化によってオス化が進めば、個体群は消滅する。

温暖化が進行しても、広くて様々な環境が存在する本土であれば、温暖化に伴い、少しずつ棲む場所を変えたり寒い地域に南下したりすることが可能であろう。しかし、小さな離島では逃げ場はなく、気温の上昇に伴い最終的には滅びてしまう。ムカシトカゲ類の寿命は40年以上であり、中には100歳を超えるものもいる。今後100年以内にすべてがオス化したとしたら、200年後には姿を消してしまうだろう。しかしながら、ノースブラザー島におけるオスへの偏りは、温暖化だけの影響とは言えない。そもそもメスは小型で、外敵に狙われやすい。オスからのストレスも受けるため、メスの個体数はオスよりも少なくなる可能性が十分にある。今後、他の地域でも雌雄の個体数を調べる必要があるが、外部形態から全てを判別することは難しいと思われる。ともあれ、このまま温暖化が進めば、繁殖集団を維持できなくなることは明らかだ。

後日談

ニュージーランド

人口よりヒツジが多い国
太古の昔は
ムカシトカゲの楽園。
そんな世界の再生を！

広大な牧草地に、ヒツジの群れが走る。そんなニュージーランドの雄大な大自然の景色を満喫する観光客数は、年間300万人を超える。気候は温暖で、暑すぎず寒すぎず、住みやすい。市場には豊富な肉や魚、色とりどりの果実や野菜が並ぶ。交通の便もよく、計画的に移動できることも、この国の魅力だ。苦しい思いをする未開発の土地での探索と比べ、とても動きやすい。バスも船も、定刻通りに運行する。しかし、これはすべて人間が作り上げたもの。ニュージーランドの本来の姿は、深い木々に覆われた緑豊かな森の島。移動は困難で、生き物の鳴き声が不気味に響く世界であった。地上は鳥や爬虫類たちの楽園で、陸上の哺乳類は数種類のコウモリのみ。巨大な飛べない鳥のモアが闊歩し、数多くのムカシトカゲたちが巣穴から顔を出していただろう。

　そんな時代も渡来した人間によって森が切り開かれ、終焉を迎えた。野生生物は狩られ、放たれた家畜が土地を占有した。そして、現在のニュージーランドの景色となった。激動の歴史の移り変わりを垣間見ていたムカシトカゲたち。今では離島にわずかに生き残り、命をつないでいる。その姿は2億年もの間、大きく変わることなく今に至る。彼らは変わらなかったのか、それとも変われなかったのか。恐竜が絶滅したほどの環境の変化を生き抜いたムカシトカゲは今、人類の歴史の中で地球上から姿を消しつつある。野生個体の不思議な形態と生態、そして黒く輝く大きな瞳。ニュージーランドでは、生きた化石であるムカシトカゲに出会うことができ、感動した。きっと、ムカシトカゲを見た誰もが、美しく繊細な本種が棲む世界を再生したいと願うはずだ。残念ながら、日本にはまだ輸入されたことがないが、保全や研究協力の一環として、いつか来日してほしいものだ。

冒険の極意 Ⅲ

危険な人物

・強引な人には要注意

人間は、最も注意が必要な生き物である。政情不安な地域では、軍人、警察、テロリスト、どれも紙一重。味方につけば助けになるが、敵になれば命を奪われかねない。判断ミスが命取りになるのだが、見極めることは難しい。もちろん、こちらの行動ひとつで相手を犯罪者にしかねない。そのため、できるだけ身なりは汚く軽装で、金目の物は目立たないように気をつける。いざという時のために、ポケットの中に汚れた紙幣を忍ばせておくのがよいだろう。賄賂や金品を要求された時には、「将来、私がお金持ちになった時に…」と前向きに話を合わせるのが最も安全な策である。

気をつけるべきは、強引な人。客引きを含め、一度断っても根気よく交渉する人や後をついてくる人は、金品狙い。すぐに別の人に声をかけ、遠ざけよう。現地人と同等に扱ってくれる優しい人は、こちらの主張を聞き入れてくれる。身なりが派手ではなく、素朴な人を選ぶのが無難である。人の性格は顔や態度に表れる。日頃から訓練し観察力を身につ

けると、おのずと悪い人間のにおいを感じとることができるようになるだろう。

・同じ場所には長居しない

野生生物は人気のない場所に生息するため、必然と治安が悪い地域を訪れる機会が多くなる。そのような場所では、何か事件に巻き込まれても、助けが来ることは期待できない。そのため、政府関係者との協力関係がない場合は、できるだけ同じ場所に長居しないこと。日本人が滞在していることはすぐに知られてしまうため、何かしらの組織に狙われる場合がある。

また、デモや暴動に遭遇した場合は、速やかにその場から離れること。運悪く巻き込まれても、立ち位置は軍や警察側に。旅行者であることをアピールすれば、きっと助けになってもらえるはずだ。

旅行者は常に狙われている。相手の人柄や狙いは、仕草や所持品からも推測でき、危険を察知することにつながる。最後に頼るのは自分の勘。情報の真意を見極める力を養おう。

第9章 アメリカ・テネシー編

獰猛な番人 カミツキガメ

“フゥーッ”と音を立てて威嚇するカミツキガメ。
鋭い爪で大地を掴み、頑丈な四肢で体を持ち上げ、
臨戦態勢で私を睨む。
大きな口で咬まれたらひとたまりもない。
カミソリのような歯が、私の指を切り落とすだろう。
素速い動きで何度も攻撃して人を寄せ付かせない姿は、
まるで池の番人だ。
原産地アメリカにおけるカミツキガメの生態を紹介する。

庭への侵入者

〝野生のカミツキガメが現れる〟。そんな情報を得た私は、テネシー州郊外の邸宅を訪れた。木々に囲まれた敷地には、綺麗に整った庭と大きな池がある。池の大きさは40メートルほどで、桟橋や噴水まで設置されている。高台にある家のバルコニーからは池を一望でき、周囲の景色は壮大で心地よい。そんなアメリカンドリームを成し得たお宅にも、悩みがある。池に出没するカミツキガメの存在だ。

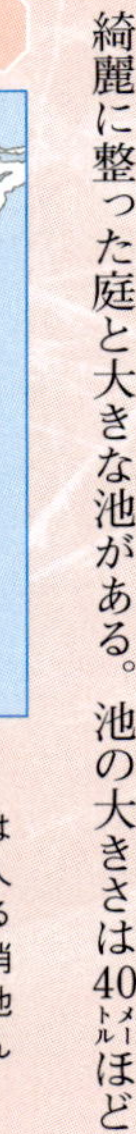

テネシー州

太平洋

メキシコ湾

カミツキガメは泳ぎが得意。人の気配を感じるとすぐに姿を消してしまう。池には複数が潜んでいるようだ

夏になると家族が池で泳いで楽しむのだが、カミツキガメに咬まれないか心配になるそうだ。テネシー州ではカミツキガメに咬まれる事故が度々あり、人々を怖がらせている。これらの事故は故意に接触することで起きているのだが、地元の人がカミツキガメを危険な生物であると認識していることは確かである。

もちろん、大型個体に咬まれた場合は病院に行くほどの怪我をするのだが、通常、水遊びをしている人たちに近づいてくるカミツキガメはほとんどいない。積極的に人に攻撃するどころか、人の気配を感じると水の中の奥深くに潜って逃げてしまう。人が怖がって避けてくれるのであれば、カミツキガメにとって喜ばしいことである。

池の水深は、深い場所で2メートルほど。背面には木々が茂り、その枝が水面に競り出て日陰を形成する。水の透明度は低い。カミツキガメは、姿を隠すことができるこのような環境を好む。池には山から染み出た水が常に注ぎ、その水はゆっくり池を通って小川に流れ出る。庭

池に入り込んだカミツキガメの捕獲を試みる。カミツキガメは適度な濁りと日陰のある環境を好む

と自然との境界線がないため、池にはカナダカワウソをはじめ多くの野生動物たちが自由に出入りするようだ。そして、移動性の高いカミツキガメも、活動期には小川を遡り池に侵入する。

遠くから池を眺めていると、周囲の様子を伺うカメの姿を見つけた。カンバーランドキミミガメだ。警戒心が強いメスに対し、必死に求愛するオスの姿が雄々しい。静かにしていれば、きっと他の生き物も出てくるだろう。その後も、根気よく待ち続けると、浅瀬に大型のカメが姿を現した。カミツキガメだ！

まさかこんなに早く出会えるとは思っていなかった。カミツキガメは明るい環境を好まないのだが、池の濁りのおかげで、日中でも水面近くに姿を現すようだ。それでも警戒心は他のカメよりも強く、念入りに周囲の様子を確認して容易には動き出さない。そして、興奮する私に気づいたのか、カミツキガメはすぐに水中に姿を消してしまった。残念！　この土地で生活している人にとっては迷惑な存在のカメなのかもしれないが、私からすれば素晴らしい野生の訪問者である。

罠を仕掛けて捕獲に挑む

カミツキガメが潜んでいることを確かめた私は、ご家族と一緒に捕獲を試みることにした。興味深いことに、テネシー州ではカメ類の中で唯一カミツキガメのゲームハンティングが許されている。釣って楽しむ人たちもいるそうだが、傷つける恐れのある針は使用したくない。カミツキガメが針を飲み込んだ場合、消化管を傷めて死んでしまうのだ。そのため、箱罠を使用することにした。私有地で利用可能であり、他の生物が混入しても無傷で放すことができる。

早速、準備に取り掛かる。まずは、カミツキガメをおび き寄せる餌を用意する。カミツキガメは植物質から動物質まで何でも食べるが、魅力的な餌となるのは血の臭いを発するもの。生魚が好ましい。通常日本では臭いが強い海水魚を使用するのだが、内陸で海に面していないテネシーでは高価だ。そこで、身近な淡水魚を捕獲して餌にすることにした。まずは、民家の花壇を掘り、コガネムシの幼虫を捕まえる。そして、それを針につけて、池の中に糸を垂らす。すると、すぐに強い引きが！　急いで竿をあげると、水中から勢いよく魚が飛び出してきた。ブルーギルだ！鰓蓋の周辺が青いことが名前の由来であり、天然ものだけに発色が良い。釣りは入れ食い状態。立派な個体を何匹も釣り上げることに成功した。さらに続けると、今度は今までとは異なる強い引きが腕に伝わった。水面で暴れる魚を釣り上げてみると、それは立派なオオクチバスであった。日本では、ブラックバスとも呼ばれ、過去にゲームフィッシング用にアメリカから輸入された経緯がある。

これらは日本の外来生物法において特定外来生物に指定されており、飼育や移動、譲渡などが規制されている。しかし、原産地のアメリカでは土着の生物であり、防除するどころか健全に生育し繁殖していることが好ましい。生き物に罪はないのだが、場所が変われば扱われ方も変わるのだ。アメリカでは、オオクチバスは食用としても重宝されている。

釣った魚たちをぶつ切りにして網に入れ、庭の池に罠を設置する。あとは、ひもで結んだ罠を池に投げ入れれば、カメが入るのを待つだけだ。罠が揺れていたら、カメが入ったことを知らせる合図となる。カミツキガメが活発に動き出すのは日没後。案の定、日中には全く罠に入らなかったが、翌日に罠を確認すると、狙い通りカミツキガメが入っていた！

罠に掛かったカミツキガメ

カミツキガメは計測後に放流する。原産地では保護の対象であり、許可なく飼育することはできない

カミツキガメの生態

罠に入ったカミツキガメは、中型のメス。甲長は24センチほどで性成熟に達している。温暖な気候のテネシー州では、早ければオスは3年、メスは4年程度で性成熟する。カメ類の中では成長が早い。捕獲したメスのお腹を触診するために、後肢の付け根に手を当てる。そして体内に卵を数多く確認した。輪卵管内に20個程度、左右合わせて合計40個はありそうだ。カミツキガメの卵は、白くて球形。トカゲやヘビのような羊皮紙状の卵ではなく、硬い殻に覆われている。そのため、ある程度乾燥に耐えることができてふ化率も高い。卵の大きさは個体によって異なるが、私が過去に計測した範囲では、小さなメスのものは直径約2・3センチで大きなメスのものでは約3・1センチ。そんなピンポン玉のような卵がお腹の中にぎっしり詰まっているのである。

鳥の卵同様、衝撃には弱くて割れやすいので、卵を体内に持つメスは大切に扱わなければならない。産卵は1年に1度だけ。春になると体内の卵巣から卵のもととなる卵胞が輪卵管に入り、ゼリー状の卵白に包まれる。さらに周囲に卵殻膜が形成されると殻のもととなる炭酸カルシウムが付着する。ニワトリの卵形成の過程と同じだ。そのため、触診して輪卵管内の卵が凹むようなら産卵まで時間がかかるし、硬ければ数日以内に産卵する。このように、産卵するタイミングを卵の発達の程度から想定することが可能である。捕獲したメスの体内の卵はカチカチで、すぐにでも産卵しそうな様子であった。

家の人たちはカミツキガメの存在を好まないし、繁殖するのも厄介だと思っているのだろう。敷地から離れた場所のどこが放流に適するのか考えていた時、嬉しいことに家の人から「殺さずに池に再放流してくれればいいよ」と言われた。どうやらカミツキガメに対する気持ちが変わってきているようだ。カミツキガメは古くからこの土地に住んでいる生き物であり、わざわざ日本から調べに来る人もいるほど。それに、何度カミツキガメを取り除いても、新たな個体が侵入してくるので、排除するよりも共存する気持ちに変わってきたそうだ。自宅の池に放す魚が食べられてしまうのは残念なようだが、私たち人間は野生生物の生息地にお邪魔している立場であることを忘れてはならない。ただし、人を恐れなくなった野生動物は危険である。餌と間違えられて人が咬みつかれることもあるだろう。野生動物と付き合うには、ある程度の距離が大切であり、人も動物も互いに警戒して逃げる程度が好ましい。

カミツキガメ

Chelydra serpentina

大型で攻撃的な本種はまさに怪獣と呼ばれるにふさわしい。咬まれると危険であり、地元の人たちが積極的に関わることはない

上陸するカミツキガメ

次に向かった場所は、魚の養殖場として使用されていた池。しかし、稚魚を放流しても池に侵入するカミツキガメに捕食されてしまい、仕事にならなかった。結局養殖は断念され、池は放置されてしまった。現在は土砂が入り込み、水深は浅くて藻類が繁茂した状態だ。

このような環境では、食物のほぼ100%(パーセント)が植物質の藻類だ。カミツキガメたちは動物質を好むが、この水辺は徘徊して獲物を狙うには不利な環境である。魚たちは、揺れる藻からカミツキガメの動きを察知して逃げてしまうので、狩りの成功率は低い。そのため、常に藻類を食べて腹を満たしているのである。

水辺では、カミツキガメの存在を示す痕跡を確認することができた。足跡である。どうやら池から陸に上がっている様子だ。カミツキガメは通常陸に上がることはないのだが、産卵期になるとメスは卵を産むために上陸する。テネシー州では、5月下旬から6月上旬に産卵が集中する。今が丁度その時期である。しかし、上陸する時間帯がわからない。もちろん、人がいれば絶対に出てくることはないので、水辺に撮影装置を仕掛けることにした。カメラの前を通っ

カミツキガメたちが何度も歩けば道となる。徘徊しながら好物の魚を狙うが、毎日の食事は藻類ばかり。カミツキガメが動けば藻が揺れるので、魚たちは危険を察知して逃げてしまう

た生物が自動で撮影される優れものだ。

次の朝、カメラを回収して撮影された写真を確認すると、予想通りカミツキガメの上陸の瞬間が写っていた。撮影時間は早朝5時。私たちの活動時間と異なることが、出会う機会が少ない理由だとわかる。同じ場所には、大小の足跡が残っていた。カミツキガメには好む上陸場所があり、そこを複数個体が利用している可能性がある。縄張り意識が高くて協調性がない本種にしては、珍しい行動だ。さらに写真を確認すると、上陸した個体が2時間後に再び池に戻る姿が撮影されていた。産卵の行きと帰りで同じ道を通っているようだ。カミツキガメは、認知能力が高いのだろう。

産卵時間を考えるとそれほど遠くまで移動していないと思われるが、過去の研究では水辺から1キロ離れた場所で産卵した報告がある。卵は雨が降って浸水する場所では死んでしまうので、特に氾濫原では水辺から離れる必要があるのだろう。もちろん、ふ化した幼体は長い距離を移動することになるのだが、その際にも迷わず水辺に向かう。カミツキガメの能力には計り知れないものがある。

生息地によって異なるが、ふ化幼体は土の中で冬を越える。そして降雨が増える翌春、川や池の水位が増す頃に地上に出て、いくつも形成された水溜りを転々と移動しながら故郷の水辺に帰る。春は幼体の餌が多く存在し、オタマジャクシをお腹いっぱい食べて成長する。生まれた年でどれほど大きくなれるかが、生存の分かれ道。小さい体で川に戻れば、親を含めた大型個体に食べられてしまうのだ。成体になるまでの生存率は数パーセント程度であろう。

早朝に自動撮影装置にて撮影された個体。カミツキガメが上陸するのは日の出前。日が差し込む頃には陸から水場に戻る

アメリカの外来種問題

アメリカ人からは「なぜそんなにカミツキガメについて知りたいのか」と度々聞かれるが、それは原産地の生態を知ることで、日本に定着したカミツキガメの防除に役立てることができるからだ。日本では、２００５年にカミツキガメが特定外来生物に指定されている。許可なく飼育することはできないが、過去に野外に侵入した個体が庭に現れることもある。静岡県と千葉県では本種の定着が明らかになっているが、実際には報告例がないだけで、日本各地で定着しているだろう。もともと日本にいなかった生物は、野外から取り除く必要がある。

アメリカ人に訪米の目的を話すときには、たいてい日本の外来種問題について説明することになる。日本では、過去に人為的に持ち込まれたアメリカ原産の生き物が野外に入り込み、生態系に悪影響を与えている。アカミミガメは人的被害のほかにも、農業被害を引き起こすようになった。近年、川の生態系を破壊し自らの餌すらなくなったアカミミガメたちが、川を離れて水田に姿を出すようになったのだ。それらを捕まえて調べてみると、お腹の中から大量のイネが出てきた。私が大好きなコシヒカリが食べられていたのだ。水辺にはアメリカザリガニもカダヤシもたくさんいるし、山で繁殖したアライグマたちが街中に出現するようになってしまった。現在、日本はアメリカ原産の外来生物による侵略で、莫大な被害を被っているのである。しかしながら、これらの問題を持ち込んだのは、私たち日本人である。

そして、アメリカにも外来種問題はある。日本から持ち込まれた外来生物により、生態系や農作物が被害を受けているのだ。代表的な生物は、ジャパニーズビートル。初めて聞いた時には日本のカブトムシがアメリカに定着しているのかと思ってしまったが、その正体はコガネムシ。大きさ１.５チセンほどのマメコガネである。私が魚釣りの餌に使った幼虫だ。マメコガネは１００年前に日本から輸入された植物の球根に紛れて移入されたのだが、現在ではアメリカ東部全域に分布を広げ、作物を食い荒らすことで重大な農業被害をもたらしている。さらに、アジアから移入されたコイも繁殖して問題となっている。コイは口に入るものは何でも食べてしまい、世界の侵略的外来種ワースト１００に掲載されているほどだ。その他には植物のイタドリやクズ、ネズミモチも生態系に悪影響を与えていて、アメリカでも外来種問題は大きな社会問題になっている。

アメリカから日本に渡った 外来種

アカミミガメ
Trachemys scripta

ウシガエル
Lithobates catesbeiana

ブルーギル
Lepomis macrochirus

アメリカザリガニ
Procambarus clarkii

日本からアメリカに渡った 外来種

マメコガネ
Popillia japonica

コイ
Cyprinus carpio

日本の外来生物法

生態系や人、農林水産業へ被害を及ぼす海外起源の外来生物（特定外来生物）の取り扱いを規制する法律。
特定外来生物に指定された生き物は、許可なく飼育、運搬、譲渡、輸入することができない。もちろん野外に放つ行為も禁止。
違反すると、個人の場合は3年以下の懲役や300万円以下の罰金、法人の場合は1億円以下の罰金が科される。

カミツキガメ
ウシガエル
ハナガメ
グリーンアノール
タイワンハブ

※爬虫類・両生類では、カミツキガメやウシガエルなどが、特定外来生物に指定されている。

生き物との付き合い方

外来生物の拡散は世界中の脅威であるが、生き物そのものが悪いわけではない。すべては人間活動に伴って人為的に移動されたことが原因である。しっかり管理された状態であれば問題ないのだが、野外に放された外来生物は、生きるために必要な餌となる生き物を食べるのであり、時には自らの命を守るために人間に対して攻撃するのである。

日本における外来種問題は、日本人のモラルの問題なのである。飼いきれなくなった生き物が野外に捨てられるようでは、輸入される生き物にとって不幸である。私たちは、輸入される生き物を最後まで責任をもって飼育することで、今後も世界の魅力的な生き物たちとひとつ屋根の下で暮らすことが可能となるのだ。

日本の愛玩動物から消えたカミツキガメ。原産地アメリカでは、魅力的な生態を知ることができ、正しい関わり方も再認識することができた。生き物を扱う者は皆、今後も外来生物に対する理解と扱い方について広く周知し、多くの人が正しい付き合い方ができるように努める必要があるだろう。

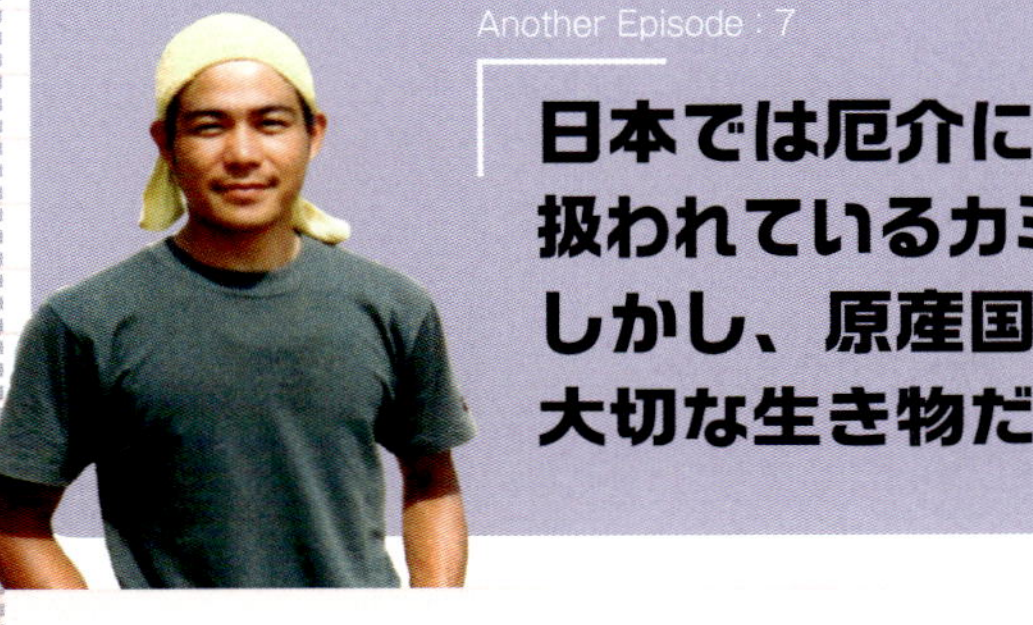

Another Episode : 7

日本では厄介に扱われているカミツキガメ。しかし、原産国では大切な生き物だ

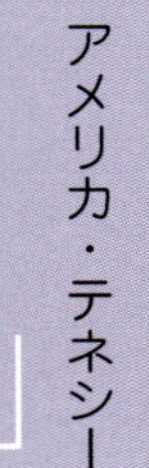

カミツキガメは咬む。顎の力はワニガメに及ばないが、大型個体は人の指をかみ切ることが可能だ。本種の特徴は、スナップを利かせた咬みつき。その攻撃は素速く、目の前のものに何でも食らいつく。そして、咬みついたらちぎれるまで放さない。カミツキガメの取り扱いには、ある程度の経験が必要とされるだろう。

カミツキガメは、危険が迫っても逃げ出さずに、相手と向かい合い戦う。その姿は、まさにカメ界の戦士だ。しかし、それは陸上でのこと。本当は、臆病で警戒心が強く、人の姿を察知した瞬間に姿をくらます生き物だ。視力のみならず嗅覚も発達し、度々水面から顔を出して陸上の様子を伺う。そのため、注意を払わなければ水辺のカミツキガメを見つけることは困難。野生個体を観察すると、とても繊細な生き物であることがよくわかる。野生のカミツキガメが、水中で人を襲うことは珍しい。咬傷事故は、上陸個体に人が近づくことで起こる。現地の子供達は、そんなカミツキガメに近づかないように、しっかり教育されている。

日本では、不幸にも野外に定着したカミツキガメに出会うことがある。静岡県では小学生が通学路で体重20キロほどのカミツキガメに遭遇しており、道路を渡ったり水田に侵入したりする姿も度々目撃されている。そんな時は、警察や行政に通報して捕獲してもらおう。野外に潜むカミツキガメを狙って見つけることは困難であり、出会った時がチャンスである。段ボール箱やごみ箱を逆さに被せて確保することも大切だが、咬みつかれることがあるので要注意。近年はワニガメを始め、危険なカメが野外で見つかっているため、攻撃的なカメ類に出会った時は、一人で対応しないこと。もしも咬まれたら……病院に駆け込もう！

第10章

カタール編

噴気音を出して威嚇するトゲオアガマ。
体を大きく広げ、背後に回られないように私の動きに合わせて体を動かす。
視線を反らすことはない。
これこそが、本来の野生の姿。
野生動物にとって、捕まることは死を意味するからだ。
体をつかもうとすれば尾を強く押し付け、鋭く硬い棘が私の皮膚を貫く。
まるで子供の頃に本で見た古代生物の戦いだ。

灼熱の攻防 エジプトトゲオアガマ

カタール

カタールは独立が1971年と新しく、開発が急激に進んだのは近年のこと。手つかずの自然がまだ残っている。年間の降水量は70mm程度で、古くから農業は行なわれていない。灌漑が用いられた現在でも、農地面積は国土の0.7%程度

砂漠の昼と夜

夕刻、大地に涼しい風がなびく。遠くにキツネが姿を現し、足元の巣穴ではトカゲたちが顔を出す。砂漠の世界は不毛の地と紹介されることが多々あるが、実は野生生物の楽園。暑い日中は生き物の姿が見られないが、日が陰ると砂漠に気配を感じるようになる。私の足元には足跡がいくつも残っている。まだ新しい。きっと私の姿に驚き、砂の中に隠れたのだろう。荒涼とした大地が息を吹き返したようだ。砂漠に棲む生き物にとって、強い日差しと高温は大敵。昼行性のトカゲであっても、基本的に日中は砂の中に隠れ、気温が低い日出と日没前後の時間帯に活動する。砂漠に生きる生き物のすべてが、乾燥と高温に耐えられるのではないのだ。人も、例外ではない。カタールは砂漠の国。国土のほぼ全域が砂漠の荒野であり、首都ドーハに人口の8割が住む。過酷な砂漠の世界に暮らす人は極くわずか。素人が丸腰で砂漠に出かければ、気温45℃を超える灼熱の大地に命を奪われてしまう。太陽は生きる活力を与えるが、簡単に命を奪う。そんな砂漠で身を守ることができるのは、地中だけ。砂を深く掘れば意外と湿っており、腕が入る深さでは正午でも30℃以下が保たれる。

カタールに広がる砂丘群。風が砂を動かすので、植物が根を張ることが難しい。砂漠の生き物たちは、砂や礫、植物に依存し、微妙な環境の違いの中で棲み分けている

日が陰ると砂漠に生物の気配を感じるようになる。まるで荒涼とした大地が息を吹き返したようだ。夕方の気温 29℃。乾いた土地に雲はなく、空に砂埃が舞う

彼方から巣穴を探す

アラビア半島には、トゲオアガマの仲間が生息する。そして、カタールにはエジプトトゲオアガマが分布する。期待を胸に姿を探すが、なかなか見つからない。ところどころに穴はある。しかし、姿がない。ネズミ類の巣穴の可能性があるので、巣穴の主の姿が見えなければ、穴を掘っても灼熱の砂漠で体力を奪われるだけ。私には、1日で2ヵ所程度の巣穴を掘る力しかないだろう。それに、ここはサソリの生息地のど真ん中。猛毒のヨトバタサソリやアラビアンオブトサソリが棲む土地だ。何が潜んでいるかわからない巣穴に闇雲に手を入れるよりは、やはり姿を見つけた巣穴を掘り返したい。

散々歩いたが、何かがおかしい。足跡は見つけた。尾を引きずった痕跡もある。歩幅から、ある程度大きなトカゲがいることは確かである。しかし、姿が見えない。もしかしたら、砂漠を歩く私の姿は丸見えで、かなり離れた場所で危険を察知し、私が見つける前に巣穴の奥に隠れてしまっている可能性がある。そこで、巣穴から離れて遠くから見張ることにした。その距離は通常のトカゲを探す範囲をさらに広げ、野鳥を観察するほど。私の視力であれば、何かが出てきてもかすかに動きを捉えることができる。

炎天下の中、じっと巣穴を見つめていると、ようやく何かが頭を出した。残念ながら、後ろ姿で小さくてよくわからない。黒っぽくて丸みを帯びた滑らかな頭であることはわかった。鳥のようにも見えるし、ネズミかもしれない。小さな頭がゆっくりこちらに顔を向けると、その正体が判明した。トゲオアガマだ！

巣穴の中から外の様子を伺うトゲオアガマ。視力が良く、私の姿はすぐに見つかってしまう

深い巣穴での攻防

念願のトゲオアガマを発見したが、ここからが大変。トゲオアガマは、既に私の姿に気づいたようだ。それもそのはず。毎日見ている景色にいつもと異なる物体があれば、警戒する。私と目が合うと、トゲオアガマは体を外に出すことなく、ゆっくり巣穴に入って姿を消してしまった。トゲオアガマが潜む巣穴は確認した。ここからは、体力勝負。素手で巣穴を掘って捕獲を試みる。私はシャベルや重機は使わない。トゲオアガマの体を傷つける可能性があるからだ。そもそも、道具を使ったらフェアではない。素手で掘り返せなければ、私の負けなのである。まずは、巣穴の中を少し覗いて様子を伺う。残念ながら巣穴の奥はよく見えず、トゲオアガマの姿はない。次に、巣穴の前に棒をかざす。ヘビが待ち構えていれば、攻撃してくるはずだ。病院が離れているため、危険はできるだけ回避したい。出入口の安全が確保されると、巣穴に腕を入れて深さを確認する。肩まで入ってもまだ先がある。これは長期戦になりそうだ。

穴掘りで大切なのは、驚いたトゲオアガマが飛び出して逃げられないように出入口を石で塞ぐこと。そして、巣穴の上部から掘り返す。一般的に砂漠の土地を掘ることは容

巣穴を掘り返し、ようやくトゲオアガマの尾をつかむことに成功した

周囲の石を取り除き、腕を入れて横穴の長さを確認

ここからが根比べ。炎天下の中、体を隙間に固定したトゲオアガマを徐々に引き出す

易だと思われがちだが、トゲオアガマは巣穴が崩れないように礫や岩がある場所に巣穴を形成する。硬くかみ合った石のため、簡単には掘り進めない。縦に開けた穴が巣穴に到達すると、再び石を置いて塞ぎ、入口からそこまでの石や砂を取り除く作業を行なう。ここからは、仕事量が増えるので余裕がなくなる。指の皮は剥け、爪がボロボロににになった。深く斜め下に続く巣穴は、意外に長い。私の体力は消耗が著しくなるし、深い穴をこのまま掘るべきか不安になる。トゲオアガマの巣穴の長さは数メートルに及ぶことがあるのだ。しかし、そうでない場合もきっとある。この土地は硬すぎて、トゲオアガマも掘るのは大変だろう。それでも諦めて別の巣穴に替えるべきか否かを考えていると、指先にトカゲの肌がわずかに接触した。きっと、巣穴を掘る私に驚いて、巣穴から飛び出ようと試みたのだろう。これはいける！すぐに腕を奥まで伸ばし、巣穴の奥に戻られる前にトゲオアガマの尾をつかんだ。

砂漠に暮らすトゲオアガマ

四肢を突っ張り、さらに息を吸って体を膨らめ、巣穴に体を固定したトゲオアガマ。つかんだ尾を放してしまえば、逃げられて次のチャンスはないかもしれない。尾の棘は痛いが、しっかり握る。そして、巣穴の壁の石を取り除きながら隙間を作る。これを片手ですべて行なう。もう一方の手は、巣穴入口の石を取ることに専念し、両手で作業ができるように広げる。地味な作業で時間はかかるが、ほぼゴールが見えているだけにやる気が出る。それにしても、暑い。両手が塞がり水分補給をする余裕はなく、流れる汗の量が減ってきた。暑さに負けてしまいそうだ。他の巣穴用に温存しておいた最後の力を振り絞り、掘り返す。

トゲオアガマは自ら尾を切ることはなく、簡単に尾が切れることもない。棘尾は命の次に大切なもの。その理由は、トゲオアガマの防御にある。彼らの敵は猛禽類だが、上空を見て危険が迫れば住処に逃げ込めばいい。しかし、脅威となる敵は他にもいる。オオトカゲの仲間だ。カタールには、サバクオオトカゲが生息している。彼らはトゲオアガマに咬みつき、殺して食べてしまう。俊敏なトゲオアガマでも、オオトカゲにはかなわない。巣穴に潜り込めば、オオトカゲが追ってくる。巣穴の出入口はひとつなので、逃げ場はない。この時に役に立つのが、棘尾である。トゲオアガマが巣穴に入ると、頭とお腹が隠れるので攻撃できる場所は尾に限られる。さらに体に尾を引きつけた状態で動かないので、尾をつかむことは困難。さすがのサバクオオトカゲでも、この棘尾に咬みつきトゲオアガマの体を引き出す力はない。例えサバクオオトカゲが暴れても、砂が落ちて棘尾が埋まるので捕食不可能になる。そのため、敵は獲物を前に諦めて巣穴を立ち去るのである。トゲオアガマは防御に徹した生物。棘尾は攻撃用ではなく、防御用。長すぎても短すぎても都合が悪く、巣穴で体を隠すには、頭胴部より短い程度がちょうどよい。

私は、オオトカゲとは違って作業が細かい。長期戦も得意だ。少しずつ巣穴を広げると、トゲオアガマは徐々に体を固定できなくなり、後肢を動かした。その瞬間を見逃さず肢をつかむと、トゲオアガマを巣穴から引き出すことに成功した。

捕獲した
トゲオアガマは
全長 50cm ほど

エジプトトゲオアガマ
Uromastyx aegyptia

エジプトからイラク、アラビア半島まで分布する。。カタールに生息するトゲオアガマは鱗は小さく体側の大型鱗がないため、エジプトトゲオアガマの亜種コウロコトゲオアガマ（*Uromastyx aegyptia microlepis*）とされる

トゲオアガマの現状

興奮して体を広げるトゲオアガマ。体はホカホカで乾いた状態。巣穴の中は乾燥していて、私の手や腕についた砂はさらさら落ちた。小型のトカゲたちとは異なり、巣穴の中まで乾燥した状態だ。穴はさらに奥まで伸びているので、ある程度湿度は保たれているのかもしれない。巣穴の長さは2メートルほどだろう。枝分かれして複数の部屋がある。基本的に単独生活なので、他の個体の姿はない。巣穴の中は涼しいが、捕獲したトゲオアガマの体表の温度は40・8℃。私が巣穴に近づく前に、出入口付近にいたためだろう。カタールの日差しは強いので、体半分が日に当たれば十分に体温が上がる。基本的に餌を捕る時間以外は、巣穴で周囲を見張りながら暮らしているようだ。ただし、気温が高い時期や低い時期は、巣穴から出ることはない。また、トゲオアガマの活動は餌となる植物に左右される。周囲に点在する植物が成長する時期に、最も活発に動くのである。

捕獲されたトゲオアガマは、暴れた後はすぐに落ち着き、日本でよく見かける愛玩用の雰囲気に変わった。てっきり大人しくなったと思ったが、気を抜いた瞬間にぐっと私の手を押しのけて地面に着地すると、一気に走り出した。や

エジプトトゲオアガマとその亜種の生息分布

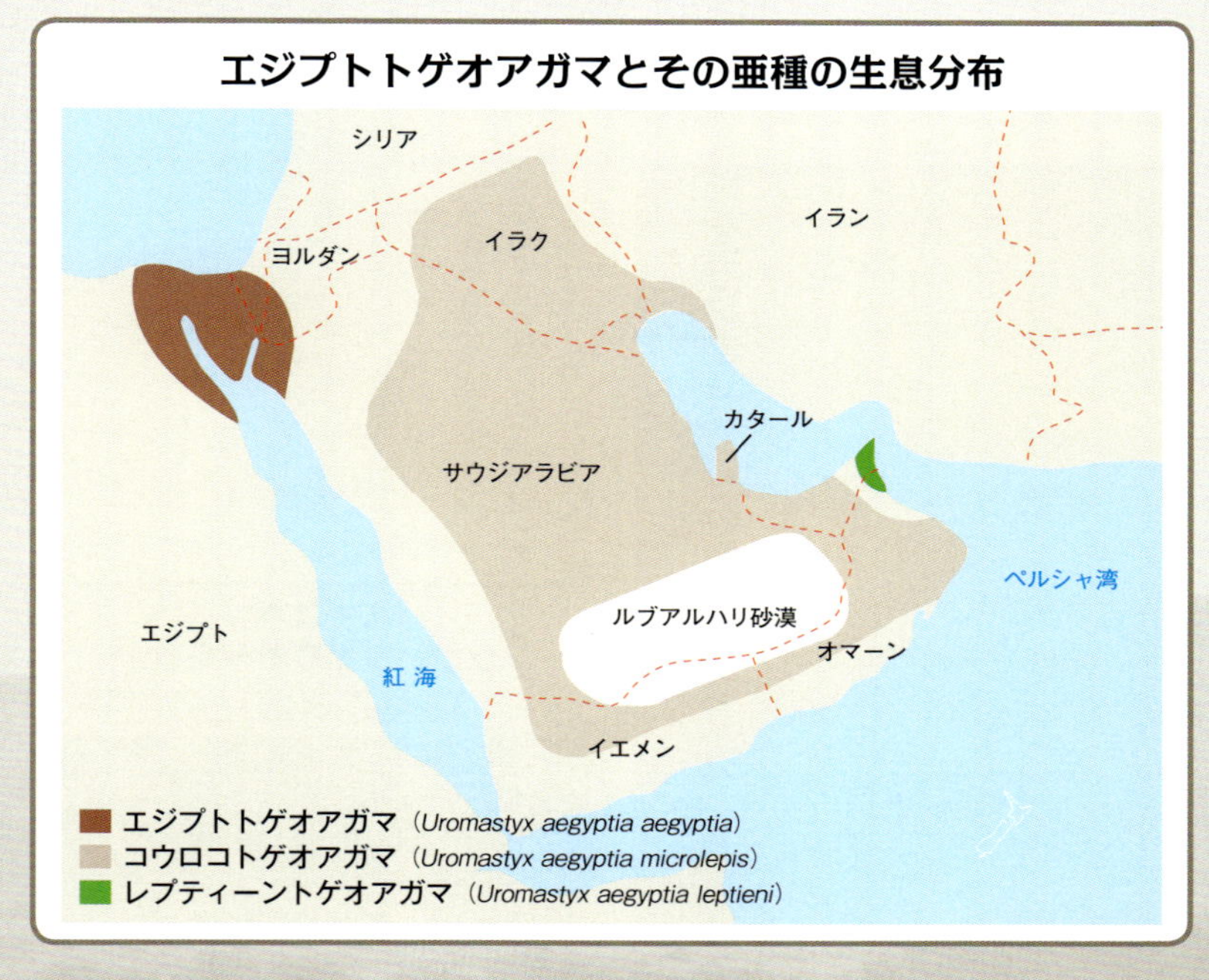

はり賢い生き物だ。私が視線を逸らした隙を見逃さない。走りは、想像していた以上に速い。他の穴に入られたらお手上げだ。すぐに追いかけてつかもうとすると、今度は尾を動かし臨戦態勢になった。そんな姿に野生の力強さを感じ、過酷な自然が生み出した美しいトゲオアガマの姿に感動した。

アラビア半島では、古くからトゲオアガマが食用として遊牧民に捕獲されてきた。特に春、卵が輪卵管に入る前の状態が好まれ積極的に狩られたのだが、その捕獲方法は素捕りやくくり罠であり、食に必要な最低限の数が捕獲されていた。しかしながら、現在は銃を使った猟が行なわれ、富裕層のゲームハンティングとして撃ち殺されている。さらに脅威なのは、工業地帯の拡大だ。荒れ地は価値のない土地として見なされることが多く、積極的に整地されている。特にトゲオアガマが生息する土地は礫が広がる平地であり、開発の対象地となりやすい。また、政情不安は乱獲や密輸の隙を生み出すことにつながる。開発や戦争に巻き込まれる砂漠の生き物たち。今後、アラビア半島の砂漠が〝真の不毛地帯〟とならないよう、今残る豊かな生物相とその土地を未来に残す必要があるだろう。

カタールの生き物たち

灼熱の日中は生き物の気配が薄い砂漠だが、日没後と日出前後は気温も低く、生き物たちの楽園となる。そんな砂漠で暮らす生き物たちを紹介する。

スレヴィンハリユビヤモリ

Stenodactylus slevini

全長 8cm。植物が点在する砂地に生息する。カタールでは、1980 年になって本種の生息が確認された。イラクやアラビア半島に分布。一度に 2 個の卵を年に数回産む

バルチスタン ツブハダイワチヤモリ

Bunopus tuberculatus

全長 9cm。低地から 2000m を超える山岳地帯の礫や岩の環境に生息する。砂地にも姿を現すが、鋭い爪が役に立たず動きは鈍い。パキスタンからシリア、アラビア半島に分布する

赤い太陽が地平線の彼方に消えた。日没後、すぐに暗闇が大地を包む。ここから砂漠は多様性に満ちた生物の楽園となる。ライトを照らして探索を開始すると、小型のスナネズミに遭遇した。スナネズミが暮らす場所には爬虫類が多い。ネズミが餌とする植物があれば、それを餌とする昆虫がいるからだ。巣穴の形成が得意ではないトカゲたちは、スナネズミの巣穴も利用する。周囲を探すと、地上性のヤモリたちを発見した。最も数が多いのは、バルチスタンツブハダイワチヤモリ。岩や礫の下に隠れていて、危険を察知すると最寄りの岩の隙間やスナネズミの穴に飛び込んで姿を消す。比較的地表付近に潜むヤモリだ。皮膚が厚いので乾燥に耐えられるのだろう。周囲に砂が増えて植物が点在する環境では、スレヴィンハリユビヤモリが姿を現す。本種の体は小さくて皮膚が薄い。そのため、適度な湿度を必要とし、植物の根元に深い巣穴を形成して暮らしている。形態が異なれば、棲む環境も異な

ヨトバタサソリ

Buthacus yotvatensis

全長 7.5cm ほどで小型だが、強力な神経毒を持つ。600 種類を超えるキョクトウサソリの仲間で、日本への持ち込みは外来生物法によって規制されている。イスラエルからアラビア半島まで分布する

ミズカキハリユビヤモリ

Stenodactylus arabicus

全長 9cm。イランからアラビア半島東部に分布。水かきのようにひだが発達し、砂の上を移動するのに便利。水かきは前肢だけで、穴掘りに活用される。オスはメスよりも細くて小柄。一度に 1 個の卵を年に数回産む

ヒトコブラクダ

Camelus dromedarius

優れた聴覚と臭覚で水や食べ物を探す。体温を 42℃まで上げることで、体内から出る水分を抑えることができる。背中のこぶはエネルギーの他、断熱効果もある

チーズマンアレチネズミ

Gerbillus cheesmani

全長 17cm で 2/3 を尾が占める。妊娠期間は 3 週間ほどで、一度に最大 8 匹の子どもを産む。イランからアラビア半島に分布し、複雑な巣穴を形成する

るものだ。

まるで瞬間移動をしたかのように現れるのは、ミズカキハリユビヤモリ。カタールに生息する地上性のヤモリ類の中で最も小さく、最も何もない環境に暮らしている。植物の周辺には本種より大きなヤモリたちが占拠しているため、彼らを避けて暮らすしかないのだろう。皮膚は弱く、触れると皮が剥けるほど。体は細く、他種と競合して勝てるようには感じられない。しかし、ミズカキハリユビヤモリには優れた技能がある。穴掘りである。本種の前肢は、指の間の皮膚が広がり水掻きのような形状になっている。細かい砂が堆積した環境でも穴を掘ることができるし、砂の上を素速く動くこともできる。

このように、砂漠に棲むヤモリたちの生息範囲は一部で重なり混生するが、各々に適した環境は異なる。不毛の地に見える砂漠だが、棲み分けにより生物多様性の高い世界となっている。環境がわずかに異なれば、出会える生物も変わるのだ。

アラビアサバクアガマ

Trapelus flavimaculatus

全長 30cm ほどで、主に昆虫を餌とするがアレチネズミも捕食する。アラビア半島の岩場に生息する

夜明けとともに、生き物たちが入れ替わる。ヤモリたちの姿は消え、スナカナヘビたちが動き出す。そして、日差しが強くなると、アラビアサバクアガマが動き出す。本種は全長30センチ程の地上棲のアガマの仲間で、小型のトカゲたちにとって恐ろしい存在である。主に昆虫を食べるが、口に入るものであればトカゲからスナネズミまで何でも食べてしまう。砂漠での生活は暑さとの戦いでもあるが、弱肉強食の世界であることに変わりない。アラビアサバクアガマが活動する頃になると、他の小型のトカゲたちはまるで避けるかのように姿を消してしまう。遅くまでウロウロしていれば、命が危ない。時期や天候にも左右されるが、砂漠の生き物は時間によって出会える種類が異なる。

ブランフォードスナカナヘビ

Mesalina brevirostris

全長 15cm。カタール全土に分布し、野外で最も出会う可能性が高いカナヘビの仲間。礫地に好んで暮らすが、農地にも入り込む

シュミットヘリユビカナヘビ

Acanthodactylus schmidti

全長20cm。瞼は薄くて目を閉じても周囲が見える。肢指の鱗は大きく突出し、櫛状に並ぶ。カタール南部に生息し、ヨルダン南部からイラク、アラビア半島に広く分布する

強い日差しを避けて暮らすのは、シュミットヘリユビカナヘビ。全長は20センチほど。砂漠に適応した形質を持ち、目を閉じても周囲が見えるように瞼の皮は薄く、砂の上を素速く動くために肢の指にある鱗は突出する。カタールに生息する最も大きなカナヘビの仲間であり、体力もあるだろう。周囲には数多くの足跡が残っている。積極的に動きまわり、餌となる昆虫を探しているようだ。彼らは暗くなる前に餌を捕り、消化を促すために体温を上げて、再び巣穴に戻る。

そんな巣穴は、植物の根元に形成される。植物の根が砂をつかむので、ある程度砂が固定され、巣穴を形成しても崩れない。周囲にはいくつもの穴が点在し、危険が迫ると最寄りの穴に飛び込んで姿をくらます。複数の個体が一斉に動くと狙いが定まらず、注意が散漫して捕獲が難しい。

シュミットヘリユビカナヘビの体色は、黄白色で背面には斑点がある。そのため周囲に紛れ、捕獲するタイミングが遅れてしまう。砂漠に棲む生き物に見られる特徴が、このようなヒョウ柄模様。これが砂のくぼみにできる陰と重なり、カムフラージュの役割を果たす。動きが速いうえに擬態の効果もあり、警戒心が強い彼らを捕まえるのは至難の業。まともに追いかけていれば、私が脱水状態になってしまう。

アラビアガマトカゲ

Phrynocephalus arabicus

アラビア半島周辺の砂丘に生息し、熱い砂の上を走り回る。耳の穴は皮膚に覆われているため、砂が入らない。メスは一度に1～2個の卵を産む

アラビアガマトカゲは、全長14チセンほど。アラビア半島に広く分布するが、西側には生息していない。生息地は砂が堆積した地域で、砂丘に好んで暮らしている。夜間は砂の中で寝るし、日中は危険が迫れば砂に飛び込み姿を隠す。トカゲの特徴である耳の穴は、砂が入らないように皮膚に覆われ、鼻孔は口吻の上方に位置し、鼻の穴だけを砂から出して呼吸する。砂漠環境に特化した生き物である。

気温については、炎天下でも耐えることができ、カタールに生息するトカゲ類の中で最も高温な環境で活動する。熱い地表を走り回る姿は、まるで砂漠の妖精。それでも地表に接する面積を最大限に減らそうと、前肢はつま先立ちで後肢は踵立ちで砂に立つ。その立ち姿には愛嬌を感じ、可愛らしいトカゲに思えてしまうのだが、オスの縄張り意識は強く、他のオスが侵入してくると激しく追いかけまわす。砂地で餌資源が乏しい環境なため、餌を得られる縄張りを守るために必死なのだろう。生息密度は低く、本種を支えるには広大な砂地を必要とする。

Another Episode：8

「装備を減らしてでも水は必要！砂漠で水が無くなることは死を意味する」

カタール

カタールは熱い。車のボンネットの上で、目玉焼きがつくれるほどだ。砂漠で調査する時に、最も大事なものは、水。常に飲み水の量を気にかけて行動する。自分がどれほど動けるかは、水次第。飲み水が豊富にあれば、体力の限界まで生き物を追いかけられる。しかし、水がなくなった状態では動けない。

トゲオアガマの仲間は、人が近づき難い乾燥した土地に暮らす。今回の狙いであるエジプトトゲオアガマは、トゲオアガマの仲間で最大種。体が大きいことは、より深くまで巣穴を形成することができ、熱く乾燥した環境に耐えられることを意味する。さらに、警戒心はかなり強く、捕獲するにはそれなりの覚悟が必要だ。彼らの住処である砂漠での挑戦は、人間にとって圧倒的に不利である。そんな彼らを探し求めて、無計画に砂漠を歩くのは危険だ。最も役に立つものは、衛星写真。事前に地形を調べ、彼らが好む場所を推測する。そして、最短経路で近づくと、徒歩で探索する。この方法で、彼らの姿を捉えることができれば、次は捕獲だ。まずは冷静に周囲の環境を目に焼き付け、どこに自分がいるのかを確認する。夢中になって生き物を追いかければ、方角を見失う。灼熱のアラビア半島の砂漠で迷えば、無事に帰っては来られないだろう。本当は、気温が低い朝夕に狙いたいが、その頃、彼らは巣穴の奥深くで休んでいる。そして、巣穴から外に出る頃には、既に肉まんのように温まり、猛スピードで動ける状態だ。追いかけても追いつけない。無理をすれば、私の体がヒートアップしてしまう。もちろん、水を多めに持てば、重くて素速く動けない。狙うは巣穴。掘る作戦は長期戦となるため、やはり大量に水が必要となる。水が切れたら諦めることになるだろう。命の源である水は、何よりも大切な装備である。

冒険の極意Ⅳ

生き物の見つけ方

①まずは情報収集

動物を売る露天商。カメは人気がある。どこで捕獲されたカメなのか、勇気をふり絞って聞いてみよう（ウズベキスタン）

②生き物の痕跡を探す

コモドオオトカゲの痕跡。きっとこの場所で寝そべっていたのだろう（フローレス島）

砂漠に残る数多くの痕跡。足跡から推測し、隠れた生き物を探し出す（トルクメニスタン）

①まずは情報収集

生き物探しを始める前に、町で情報収集を行なおう。まずは複数の露天商に、探したい生き物の生息場所を聞いてみる。この時に欲張って産地の詳細を聞き出そうとすれば、まったく異なる地域を紹介されることもあるので、大まかな地域を教えてもらう。あとは現地に向かいながら、バスの中や食堂、市場で情報を収集する。特に、自然を利用しながら生活する農村の人々は、野生の生き物と出会う機会が多いため、村人からの目撃情報は重要である。事前に用意した生き物写真を見てもらい、出会った時期や場所の詳細を教えてもらおう。

②生き物の痕跡を探す

情報を集めたら、その後はひたすら生き物の痕跡を探る。生き物は、種によって姿かたち、活動時間が異なる。おおよそ予測して調査範囲と時間帯を狭め効率よく探索していく。足跡からは移動した方向、行動、種類まで特定することが可能である。

③生き物の気持ちになって探してみよう

広大な土地であっても、生き物が好む場所は

③生き物の気持ちになって探してみよう

街路樹に登るヒガシベンガルオオトカゲ（*Varanus nebulosus*）。観光地であってもよく観察すれば様々な生き物に気づくことができる（ランカウイ島）

限られている。身を隠せる場所が生き物たちの生活の場だ。例えば熱帯雨林であれば、狙うのは倒木の下。そっと覗けば、トカゲやヘビ、小型の哺乳類の姿を見ることができるだろう。

樹の上に棲む生き物を探す場合は、時間帯が鍵となる。朝方と夕方が観察に適する時間。その時間帯になると、地上にある豊富な餌を食べに、下層まで降りてくる。草原の場合は、岩をねぐらとする生き物が多い。彼らは餌または敵の姿をいち早く察知し動けるよう、見晴らしが良い場所に暮らしている。砂漠では、生き物の多くが砂の中に隠れているため、姿を見つけることは至難の業。しかし、砂に隠れるまでに残る痕跡が、生き物が潜む場所へと案内してくれる。

大自然の中で生き物を探しだすことは、容易なことではない。しかし、生き物の気持ちになって探してみよう。きっと貴重な出会いが待っている。この地球上には、まだ見ぬ不思議な生き物がたくさん生息している。そんな地球の隣人たちは、私たちの知らない世界を垣間見せてくれることだろう。

最後に信じるのは、自分の直感。私ならこの広い世界の中で一体、どこに隠れるのだろうか。

Epilogue
世界に生息する爬虫類は、およそ1万種
爬虫類ハンターの旅はまだまだ続く

著者紹介

加藤 英明（かとう ひであき）

1979年静岡県に生まれる。静岡大学教育学部修士課程修了後、岐阜大学大学院連合農学研究科博士課程修了。博士（農学）。静岡大学勤務。カメやトカゲの保全生態学的研究を行いながら、学校や地域社会において環境教育活動を行っている。さらに、未知なる生物を求め、世界中のジャングル、砂漠、荒野を駆けめぐる。2001年より、世界の自然と動物に関する紀行文を爬虫類専門誌『季刊ビバリウムガイド』にて連載。テレビ『クレイジージャーニー』や『ザ！鉄腕！DASH！！』、『緊急SOS！池の水全部抜く大作成』、ラジオ『ヒデ博士の環境スクールFM-Hi76.9』など幅広く活躍。

撮　影　加藤英明
編　集　江藤有摩
デザイン　スタジオB4
イラスト　松野卯織

爬虫類ハンター　加藤英明が世界を巡る

2018年6月30日　初版発行

発行人　石津恵造

発　行　株式会社エムピージェー
〒221-0001
神奈川県横浜市神奈川区西寺尾2丁目7番10号 太南ビル2F
TEL.045（439）0160　FAX.045（439）0161
http://www.mpj-aqualife.com

印　刷　大日本印刷株式会社

ISBN978-4-909701-02-2
2018 Printed in Japan